· 完全图解 ·

零基础
木工家具
超简单精通

朱钰文 陈 爽 编著

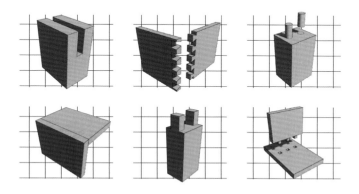

化学工业出版社

·北京·

内 容 简 介

为了方便零基础读者轻松掌握木工家具的创意设计、开料制作与改造和再利用等技巧，本书以"便携、速查、图解"为出发点，精心挑选了有代表性、符合我国国情的近70款木工家具，将其制作工艺以全步骤拼装的形式进行全方位展示；同时，还附有家具详细结构尺寸图和取材表，并有制作的顺序说明，初学者也可轻松学会。此外，书中还有适合中、高水平木工爱好者的阅读内容，充分展现了现代木工家具的细节与魅力。本书附带配套二维码和真实案例，读者可用手机扫码观看，方便阅读和使用。

本书适合广大木工家具制作爱好者、自学者和喜爱手工制作人士阅读，也可作为家具设计、室内设计、建筑装饰等专业或行业人员培训教材以及在校师生的教学参考书。

图书在版编目（CIP）数据

完全图解：零基础木工家具超简单精通 / 朱钰文，陈爽编著. — 北京：化学工业出版社，2023.6（2025.1重印）

ISBN 978-7-122-43232-2

Ⅰ. ①完… Ⅱ. ①朱… ②陈… Ⅲ. ①木家具 – 制作 – 图解 Ⅳ. ①TS664.1-64

中国国家版本馆 CIP 数据核字（2023）第 057988 号

责任编辑：朱 彤　　　　　　　　　　　　文字编辑：张瑞霞　沙 静
责任校对：王 静　　　　　　　　　　　　装帧设计：水长流文化

出版发行：化学工业出版社（北京市东城区青年湖南街 13 号　邮政编码 100011）
印　　装：中煤（北京）印务有限公司
787mm×1092mm　1/16　印张 15　字数 334 千字　2025 年 1 月北京第 1 版第 2 次印刷

购书咨询：010-64518888　　　　　　　　　　售后服务：010-64518899
网　　址：http://www.cip.com.cn
凡购买本书，如有缺损质量问题，本社销售中心负责调换。

定　　价：89.80 元　　　　　　　　　　　　　　　　　　版权所有　违者必究

前言

木工家具与人们的生活与工作息息相关，其设计、制作有着悠久历史。木工及其相关行业在很大程度上发展了家具的制作工艺，并使家具形式千变万化；还丰富了家具结构、造型，使其制作技艺更加完善和规范。

为了更好地满足当前市场的实际需要，特别是方便零基础读者轻松掌握木工家具的创意设计、开料制作与改造和再利用等技艺与技巧，我们编写了这本《完全图解：零基础木工家具超简单精通》。全书内容涵盖木工基础、材料识别选用、木工工具组合搭配、家具制作步骤，还附有大量参考价值较高的木工家具制作案例和木工家具维修保养等内容。特别需要说明的是，本书附带配套二维码（视频），读者可用手机扫码观看，方便阅读和使用；同时，除非特别注明，书中长度使用单位均为mm（毫米）。为了能尽快全面掌握相关知识，建议读者重点关注以下内容。

（1）现代木工家具行业往往会追求更新设备和工具，选用成品木料进行生产与制作，以追求简单、高效，节省人力与材料损耗。但是，由于加工制作机械设备昂贵，通常适用于大中型加工企业，不适合初学者使用。为此我们特意总结、归纳出一系列较为简单、实用的木工家具制作方法和通用经验，帮助读者举一反三，可以更灵活地掌握木工家具的创意设计与制作全过程。

（2）书中专门精心挑选了符合我国国情的近70款木工家具案例，将其制作工艺以全步骤拼装的形式进行全方位展示，并附有详细实操教程。此外，还对木材名称、特性、应用、选购等进行深入解析，方便读者进行选材；还强调采用容易上手的简单手工工具和机械设备，初学者也可以轻松学会。

（3）传统的木工工具单一、操作复杂，木工所需具备的知识甚至远超其他室内装饰装修工种，需要对设计创意、空间构成、形象与逻辑思维等有深刻认识，对包括数学、物理、化学以及机械、力学等在内的多门学科应有所涉猎，往往需要长时间的经验积累才能完全胜任工作。近年来，我国木工家具制造业有了革命性进步，通过消化和吸收国外先进技术，逐步迈向重设备、轻经验的现代发展模式，即强调采用先进设备来打造精密家具，不断弱化传统木工家具制作技术。这些能够提升现代家具产品价值的新趋势和新工艺，在书中也有充分展示和体现。

本书由河北鼎森装饰工程有限公司朱钰文、湖北工业大学艺术设计学院陈爽编著，参与本书工作的其他人员还有王德功、郭英杰、姚依清、姜薇、彭然、李杉杉、李天祯、曾璐、黎佳兴、杨宇航、陈思睿、赵前财、马冬冬、白华睿、朱雨欣、王思嘉、汤留泉、湛慧，在此谨致谢意。

由于时间和水平有限，疏漏之处在所难免，敬请广大读者批评、指正。

编著者
2023年3月

目录

木工工具组合搭配：
即刻能上手的廉价工具

木工家具维修保养：
家具破损修复有妙招

第一章

木工基础:
一看就懂的木工入门知识

章节导读:

本章综合讲解木工家具在生活中的运用,介绍木工操作的健康安全问题与木质家具基础结构知识。在制作木质家具之前,需要了解一定的木工基础知识,尤其要熟悉传统木工工艺与基础构造,在后期制作过程中能够有选择地运用这些构造。

↑日式**MUJI**风格之原木家具

MUJI风格是现代日本的一种流行风格,其意义在于远离装修污染材料。柜子、桌椅等家具,尽量采用原木材质,讲究自然、环保、素雅、简洁、实用、温馨,以展现使用者的个性与品位。

第一节　木工家具基础

　　木工是一门独特的手工艺技术，是以木材作为基础制作材料，以锯、刨、凿、插、粘贴等工序，制作出具有使用功能和审美价值的器物。我们日常生活中的方方面面都与木工息息相关，如木门窗、木拉手、木家具、木质工艺品等。

一、多样的风格

1.中式风格

　　中式风格家具分为传统中式和现代新中式两类。传统中式家具形式纯粹、特征明显，明清家具是传统中式家具的代表，工艺精湛，造型端庄，积淀着中国传统文化深厚的底蕴。

↑仿古螭龙纹官帽椅

传统中式椅子由靠背和扶手组成，用料考究，制作精湛，局部细节的比例、装饰匀称协调。

↑红酸枝翘头案

案是一种长方形、下部有足的承托家具，翘头案是指案面两端上翘。这件翘头案造型稳重端庄，做工细致，装饰考究，不仅实用还有着较高的艺术观赏价值。

←现代新中式茶台与茶椅

新中式家具造型以线为主，造型讲究对称，多为现代与古典相结合的形式，具有实用性。

2.欧式古典风格

欧式古典风格追求华丽、高雅的古典美，具有华丽的视觉效果，家具外观华贵、用料考究，内在工艺细致、制作严谨，体现了厚重的历史感。

↑铜鎏金花几

花几上的雕花刻金一丝不苟，线条优美，细节处理精益求精。

↑铜鎏金书桌

书桌边缘以铜鎏金包边，底部为曲线桌腿，桌腿边缘装饰涡卷造型的铜件，在线条和比例设计上充分展现了欧式古典家具的浪漫气息。

↑复古彩绘梳妆桌

优美的曲线框架，搭配珍木贴片、表面镀金装饰，形成华贵的视觉效果，且具有较强的实用价值。

3.北欧风格

北欧风格是指欧洲北部的丹麦、瑞典、挪威、芬兰等国家的设计风格。北欧家具外形简洁有力度，色泽自然，崇尚原木韵味，表现出高品质的视觉效果；家具强调结构简单、舒适，注重人体工程学设计。

↑北欧简约风格餐厅家具

木材是北欧风格的灵魂，采用未经过精密加工的原木，保存木材的初始色彩和质感，在软装配饰上以柔软、朴素的纱麻布为主。

↑榉木格子柜

柜子外形简练，内部没有多余的装饰，所有材质都袒露出原有的肌理和色泽。

↑实木家具

在家具色彩上，北欧风格倾向淡色，如浅木色、白色、米色、金色等，运用鲜艳的纯色点缀，家具整体效果明亮、整洁。

4.美式风格

美式风格强调随意、舒适、多功能。美式风格家具多使用单色仿旧漆，式样厚重，风格相对简洁，细节处理十分重要。美式风格家具大量采用胡桃木、橡木、枫木等木料。为了突出木质本身特点，贴面采用PVC木纹膜粘贴，使纹理成为一种装饰，并在不同角度下产生光泽。

（a）卧室家具　　　　　　　　　（b）客厅家具　　　　　　　　　（c）玄关鞋柜

↑美式风格家具搭配

美式风格家具采用上好的木材，厚实、耐用，具有宽大舒适的特征，显得更加实用。

5.地中海风格

地中海风格的家具色彩明亮丰富，具有地域民族性与田园风情，引用部分欧式风格中的设计元素。

←地中海风格家具搭配

地中海风格家具的色彩绚烂，饱和度高。蓝与白是比较经典的地中海风格的颜色搭配。浅黄、土黄、褐色、绿色、蓝紫色都是地中海风格常用到的色调。地中海风格家具没有精美繁复的雕花，造型浑圆且显得流畅、自然。

（a）白色与木色搭配的茶几　　　（b）蓝色茶几与椅凳

6.东南亚风格家具

东南亚风格结合了东南亚民族岛屿特色与文化品位，崇尚自然、原汁原味，注重手工工艺。家具中广泛运用木材和其他天然原材料，如藤条、竹子、石材、青铜和黄铜。色彩表现以原藤、原木色调为主，多为褐色等深色系，在视觉上具有泥土的质朴感。

（a）木质餐桌椅　　　　　　　　　　　　　（b）藤制沙发

↑东南亚风格家具搭配

东南亚风格家具多为深色系，家具造型朴素、沉实。

7.现代简约风格

简约风格强调家具的功能性，线条简约流畅，尽可能简化设计色彩、照明、元素、原材料，但对家具的色彩、材料、质感的要求很高。家具设计非常含蓄，展现以少胜多、以简胜繁的效果。

（a）餐厅家具　　　　　　　　　　　（b）客厅家具

↑现代简约风格家具搭配

现代简约风格家具线条简约流畅，白色亮光家具倍感时尚，舒适与美观并存。

二、木工家具运用

家具是人们日常生活中不可或缺的重要组成部分。木工家具设计只有不断创新，才能更好地为生活服务。

1.高柜类家具

高柜类家具通常高度为1200mm以上，要求收纳空间划分合理，方便取放，有利于减少疲劳，收纳空间大，能满足多种收纳需求。

↑定制衣柜

定制衣柜最大的优势在于能充分、合理地利用空间，根据需求设计，或是抽屉多，或是隔板多，整体性、随意性强。

↑立柜

立柜可以用来收纳衣物、厨具或其他物品，功能很多，收纳容量也大。

↑展示书柜

根据书籍收纳需求来决定书柜样式。例如，开放式书柜没有柜门，拿取书更方便，但防尘效果不佳；封闭式玻璃柜门书柜，造型高贵典雅，防尘和装饰效果都很不错。

2.中柜类家具

中柜类家具通常高度为650～1200mm，应当配有防倾倒固定装置，如角铁等配件。

↑鞋柜

鞋柜样式多种多样，应根据客厅空间大小与个人需求来决定玄关鞋柜的尺寸；鞋柜尺寸高度不超过1000mm，宽度根据空间合理划分，深度尺寸为300～400mm即可满足需求。

↑斗柜

斗柜又称为抽屉柜，按规格可分为三斗柜、四斗柜、五斗柜等，它由多个抽屉并排组合，便于收纳小型物品，其功能比较单一，收纳能力很强。

↑橱柜

橱柜分为地柜、吊柜、特殊柜三大类柜型，主要包括柜体、门板、台面、五金几个部分，有洗涤、料理、烹饪、储存等功能。地柜通常高800～850mm，深500～600mm，台面深600mm；吊柜通常高700～750mm，深300～350mm。

3.矮柜类家具

矮柜相对高柜而言高度较低，但是与高柜设计造型相似。矮柜制作结构与高柜一致，深度通常为350～600mm，高度通常为600mm以下。矮柜常用于储存、收纳小件物品。

↑床边柜

床边柜是放在床头左右两侧的小型立柜，主要放置日常用品，如床头灯。

↑餐边柜

餐边柜是放在餐厅，主要放置碗碟筷、酒水等物品的柜子，既实用又能装饰空间，为餐厅锦上添花。

↑电视柜

电视柜多带有抽屉和隔板，收纳功能强，可以承托电视、音响、杂物等，为空间储物收纳发挥着很大作用。尤其在狭小的客厅中，更适合小尺寸电视柜。电视柜的长度可根据摆放电视背景墙的尺寸决定。

4.搁架类家具

厨房、洗手间、玄关等空间较窄，需要摆放许多零碎物品，可以充分利用空间，设计搁架类家具来收纳许多物品。

↑书架

现代书架的款式简约实用，能节省地面空间，有装饰墙体的功能。

↑置物架

置物架是开放式的家具，没有压迫感，可安装滑轮，作为摆饰架灵活运用。即使只是置于屋内一角，也能使整体氛围更出色。可用此置物架收纳玩具、书籍或小电器，摆放花瓶或艺术品等。

←特殊转角架

架子的高度、尺寸、层板数量可根据需求自由设计，充分利用边角空间，功能与普通置物架一致，适合收纳小型物品，且储物容量较小。

←花架

花架是阳台不可缺少的一部分，摆放花架能让空间布局显得错落有致。

（a）书桌台面收纳架

（b）餐边柜收纳架

↑桌面收纳架

桌面收纳架的功能实用，不占空间。可放在书桌上，用于放置书籍或办公学习用具；可放在柜台上，用作酒架；可放在厨房台面上，收纳调味料、碗盘或电器等。

（a）图书搁架	（b）饰品搁架

↑墙面搁架

墙面搁架的造型各式各样，用来摆放书籍以及艺术摆件、植物等具有观赏价值的小物件。

5.几案类家具

↑茶几

简单大方的茶几，使用松木、榉木等材质制作，充分表现出木材原有的质感。

↑餐桌

方餐桌通常尺寸为800mm×800mm（2人）、1400mm×700mm（4人）、2200mm×800mm（6人）；餐桌高通常为720～760mm。

↑书桌

书桌主要用于书写、工作、阅读或操作，兼储物功能，要求具有一定的耐水、耐热、耐腐蚀性能，尺寸应符合人体工程学。

↑梳妆台

梳妆台主要用来整理妆容，梳妆台高度是设计重点，如果过高，会让卧室整体空间显得太小；如果过低，使用时脸部不能完全显露在镜子中。

6.椅凳类家具

椅、凳设计既要考虑休息功能，也要考虑人体使用的舒适程度。休息类椅、凳的设计重点要考虑家具的合理结构、造型与座椅板的软硬程度。

（a）座椅

（b）长条坐凳

（c）圆凳

（d）方凳

（e）圆角方凳

←各类椅凳

椅子由椅腿、望板、横撑、靠背、扶手、座椅板等构造组成。凳子无靠背，但是应用广泛且实用，构成较简单，由座位面和腿支架两部分组成，座位面多为方形、圆形或多角形。

7.床类家具

床的长度通常为2000～2200mm，高度通常为350～500mm，具有坐、卧功能；同时，也要考虑就寝、起床宽衣等动作的需要。小卧室的床可以略低，以减少室内的拥挤感，使空间更开阔。

↑平板床

平板床由床头板、床尾板、护挡、骨架等构成，式样简单，床头板与床尾板可营造不同的风格效果，也可舍弃床尾板，让整张床看上去更大。

↑四柱床

四柱床是欧式风格的代表，四柱上有古典风格雕刻图案，可悬挂不同花色的床帘，独具风情。

↑上下铺双层床

上下铺双层床设计适合小房间或儿童房，能节省空间。

↑罗汉床

罗汉床的形制较多，大多有围合构造，两个人可在罗汉床上斜倚着聊天，类似双人沙发。

第二节　木工制作安全

　　一切木工制作都要注重安全，木工机械的锯、割、切片、刨削、打磨、钻等操作，有可能会发生意外事故。下面介绍一系列关于安全防范的方法。

一、安全着装

　　木工作业必要的个人防护用品应购置齐备，并时刻佩戴，不盲目操作，防止手指被锯伤、被凿子刮伤；同时，也可以防止木屑、刨花、噪声对身体造成的损害。

↑护目镜　　　　　　　　　　　　　　　　**↑面罩**

使用电木铣、车床等机械设备操作不当时，可能会有木屑飞溅，应自始至终佩戴护目镜、面罩，可以减少飞出的木料对人体头部造成的冲击。

←口罩

在锯切、打磨、使用胶水或涂饰涂料时，会产生许多粉尘和有毒气体，活性炭口罩是基本的防护装备。

↑手套

更换或手持刀片、锯片或搬运木料时，手套能够保护手不被刀刃划伤或被木材上的木刺刺伤；同时，也可增加搬运时的附着力。

↑耳罩与耳塞

在使用木工机械设备时会发出很大的噪声，长时间处于这种环境下会对人的听力造成损伤，应当佩戴耳罩或耳塞。

二、安全行为准则

木工应具备相关安全意识，做好一系列防护措施，严格遵守以下木工操作安全准则。

（1）扎起长发，不穿宽松衣服，不戴首饰，穿上工作服，扣紧扣子或拉好拉链，且不能外露扣子，避免衣物被卷进机器内发生危险。保持木工房干净、整洁，操作时不被废料或延长电源线绊倒，并能方便地找到所需物品、工具。

（2）作业时注意力应保持高度集中，如果注意力不能集中或处于疲惫状态，应适当休息。心情不好或饮酒后禁止操作电动工具。如果觉得操作不舒适或不顺手，或者不能确定操作是否安全时，应重新思考操作流程和操作方法。

（3）购买电动工具后，在使用之前必须先阅读说明书，预先进行机器和木材模拟测试。为工具更换铣刀头、锯片、刨刀、带锯等刃具时，一定要彻底断开电源。刃具要经常打磨。定期检查电动工具，如果感到异常应立即停止作业。

（4）在操作机械时，无关操作人员不得靠近或随意打扰。电动工具要完全运转起来后，再进行加工；当电动工具完全停止后，再取木料。手不要放在刃具的运行轨迹上，如果一定需要辅助力量，应采用推板代替。

（5）掌握基本自救和止血方法，万一出现事故不要惊慌，要冷静地关掉机器后再进行处理。如果发生严重伤害，应立即拨打120。

（6）离开木工房时要切断电源。每天应清理工作现场，避免可燃物品随意堆积，木工房内禁止吸烟，准备好相应的消防器材。

第三节　木工构造基础

我国木质家具主要有框式和板式两种结构。现代木工构造是将两种结构形式结合起来。其中，框式结构是中国传统家具的典型结构类型，零部件接合大都为榫接合，辅以胶、钉等其他接合方式，结构牢固可靠，形式固定，但是大都不可拆装。板式结构是现代新型结构类型，通过预制化成品板材与构件快速组合，制作完成后的家具可以拆卸重组，灵活多样。

一、传统榫卯构造

榫卯是中国传统家具的典型结构类型，是在两个构件上采用凹凸部位相结合的连接方式。突出部分为榫，又称榫头。凹进部分为卯，又称榫眼或榫槽。榫卯结构是利用木质纤维的伸缩性将它们接合在一起，能使两块木料不依靠任何外物（五金件、胶黏剂等）就能紧密接合。

▶ 微信扫码 ◀

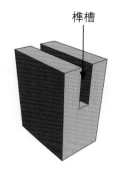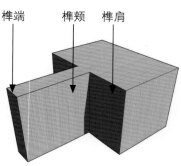

↑榫的接合部位名称

榫接合是指榫头嵌入榫眼或榫槽的接合，接合时通常都要施胶，以增加接合强度。

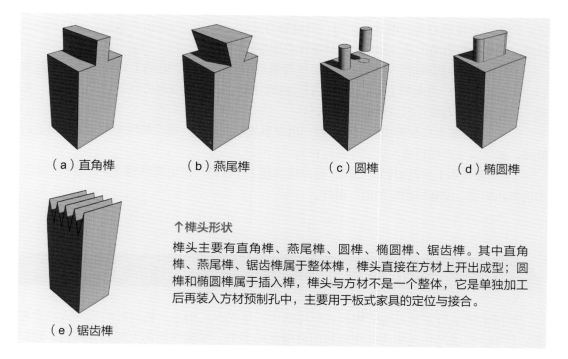

（a）直角榫　　（b）燕尾榫　　（c）圆榫　　（d）椭圆榫

↑榫头形状

榫头主要有直角榫、燕尾榫、圆榫、椭圆榫、锯齿榫。其中直角榫、燕尾榫、锯齿榫属于整体榫，榫头直接在方材上开出成型；圆榫和椭圆榫属于插入榫，榫头与方材不是一个整体，它是单独加工后再装入方材预制孔中，主要用于板式家具的定位与接合。

（e）锯齿榫

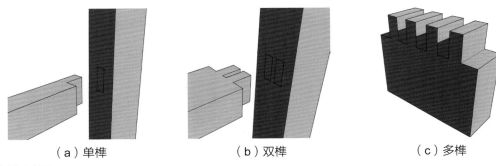

（a）单榫　　　　　　　　（b）双榫　　　　　　　　（c）多榫

↑榫头数目

增加榫头数目能增加胶层面积，提高榫接合的强度。框式结构中的方材接合，多采用单榫和双榫，如桌、椅的框架接合；箱框的接合，多采用多榫，如木箱、抽屉等。

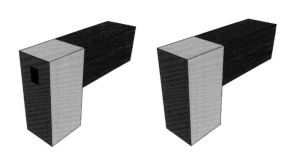

←贯通榫与不贯通榫

贯通榫是榫端露于方材表面，接合强度大；不贯通榫不露榫端，对强度要求稍低。对装饰效果要求高的家具多采用不贯通榫接合，为隐蔽结构；受力大且隐蔽或非透明涂饰的制品可采用贯通榫接合，如沙发框架、床架等。

（a）开口贯通榫　　（b）半开口贯通榫　　（c）开口不贯通榫　　（d）闭口贯通榫

（e）闭口不贯通榫

↑榫头与榫眼

开口贯通榫加工简单，胶接面积大，接合强度高，但能看到榫端和榫头的侧边，影响家具美感；不贯通榫集开口榫和闭口榫的优点，既能增加胶接强度，又能防止在胶液未固化之前的榫头扭动；闭口贯通榫接合后榫端外露，接合强度稍低。几种榫接合时相互联系，可以灵活组合。

（a）单肩榫

（b）双肩榫

（c）三肩榫

（d）四肩榫

（e）夹口榫

（f）斜肩榫

↑榫肩的切割形式

榫肩遮挡了榫头与榫眼配合中出现的缝隙，使接合的外形美观。单肩榫主要用于一个面外露或连接件构件较薄的构造；双肩榫用于一个面或两个面需要外露的构造；三肩榫和四肩榫分别用于三个面或四个面外露的构造；夹口榫用于榫头宽度较大的构造；斜肩榫用于45°斜接的构造。

 木工小贴士——斜接构造操作

框架斜接件的角度会随框架结构的边数而发生变化，但切割方向都与木纹垂直。由于胶合表面位于端面区域，无法提供较大的强度，因此斜接适合简单的框架接合，如桌面的镶边、正方形框架。

▶ 微信扫码 ◀

（a）测量画线

（b）固定切割

（c）刨切加工

（d）粘接

↑斜接构造操作

（a）用45°斜角规测量，并在木板上标记出45°角，沿正方形对角线画出45°角线。（b）在木板底部垫上废木料，沿线锯切。（c）用刨子刮削木板锯切后的端面，可在靠山和木板之间插入一张硬纸片作为垫片，起到校正作用。（d）在端面涂抹胶水，用夹具夹紧，防止板材因滑动偏离正确位置，再自然晾干。

　　榫卯结构能根据不同木材特性精确把控木材纹理，将木材顺着不同的方向嵌接，木质纤维的收紧与松脱作用力会互相抵消，形成平衡关系。

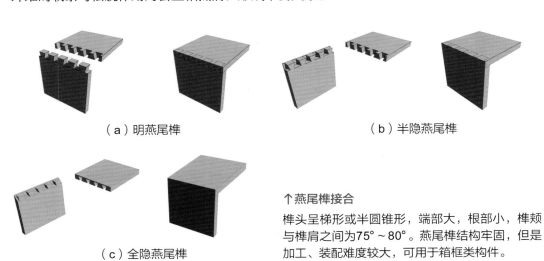

（a）明燕尾榫　　　　　　　　　　　　　　　（b）半隐燕尾榫

（c）全隐燕尾榫

↑燕尾榫接合

榫头呈梯形或半圆锥形，端部大，根部小，榫颊与榫肩之间为75°～80°。燕尾榫结构牢固，但是加工、装配难度较大，可用于箱框类构件。

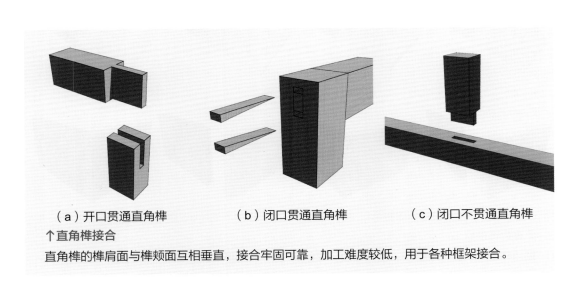

（a）开口贯通直角榫　　　　（b）闭口贯通直角榫　　　　（c）闭口不贯通直角榫

↑直角榫接合

直角榫的榫肩面与榫颊面互相垂直，接合牢固可靠，加工难度较低，用于各种框架接合。

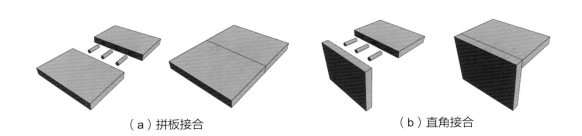

（a）拼板接合　　　　　　　　　　　　　　　（b）直角接合

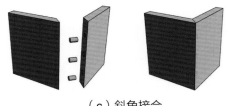

（c）斜角接合

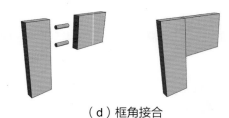

（d）框角接合

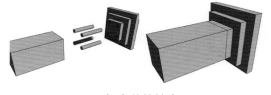

（e）体块接合

↑圆榫接合

圆榫接合需采用两个以上的圆榫头进行承接，能提高接合强度来防止零件扭动。在两块板材上钻出相匹配的孔，用胶水将圆榫粘接，用于板件间的固定接合、定位。

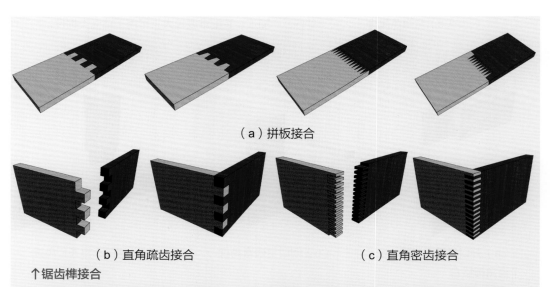

（a）拼板接合

（b）直角疏齿接合

（c）直角密齿接合

↑锯齿榫接合

锯齿榫的形状类似于锯齿，齿间涂胶，纵向加压挤紧，侧向轻压防拱。接合强度可达到整料强度的70%～80%，适用于短料接长，如方材及板件接长、曲线零件拼接等。

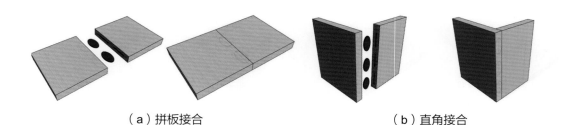

（a）拼板接合

（b）直角接合

（c）框角接合

↑饼干榫接合

采用加工设备在两块木板上切割出榫槽，将饼干状薄木块插入榫槽中，上胶接合。饼干榫接合固定效果好，但是不能长期承受压力，适用于接合边对边的板材和斜接角、组装框架等。

二、集成板式构造

集成板式家具多采用木质人造板，如中密度纤维板、刨花板等，材质不适合采用榫卯结构，仅用金属连接件接合。

板式结构是以各种木质人造板为基材，经过机械加工而成，是目前最为常用的家具结构形式之一。板材利用率高，生产工艺简单，可实现机械化生产，家具易于拆装、储存、运输。

1.板材

板材是承重构件，具有分隔、封闭空间的作用，主要有实心板材、空心板材两大类。通过对板材侧面进行封边处理，防止板材边缘剥落；同时，能掩盖内芯料。

↑胶合板

胶合板由多层薄板叠加，采用胶黏剂粘接而成，具有一定弯曲能力。

↑饰面刨花板

饰面刨花板由实心基材和贴面材料两部分组成，板件重量较重，易于加工，便于机械化生产。

↑塑木空心板

空心板材内部为框架结构，框架中间为空心结构，树木空心板由塑胶与木粉融合注模而成，加工工艺较复杂。

 木工小贴士——板材封边

封边是将封边材料经涂胶和加压胶贴在板件边缘，是现代板式家具不可缺少的工序，采用封边机或手工进行封边。

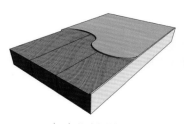

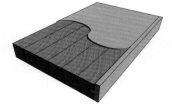

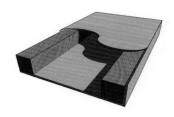

（a）塑料带封边 　　（b）实木条封边 　　（c）薄木板夹角封边

↑封边构造

（a）直接用胶接合，工艺简单可靠，操作方便，可用机械或手工进行封边。（b）板材厚度小于10mm，可直接用胶接合；板材厚度为10~15mm，需用无头圆钉与胶配合封边；板材厚度大于15mm，需采用涂胶的榫槽、圆榫或穿条封边。（c）夹角封边法不仅要求薄木的纹理清晰、漂亮，而且封边薄木端头不能外露。

2.连接件

利用特制的专用连接件，将家具零部件装配成部件或产品。

（a）圆榫 　　　　　　　　　　　（b）气钉

↑不可拆连接件接合

（a）圆榫接合的强度不高，但较节省木料、易加工，主要采用硬阔叶树材。圆榫应保持干燥，含水率应比家具用材低2%~3%；直径规格有6mm、8mm、10mm、12mm；长度为直径的5~6倍，以30~60mm居多。圆榫表面常压有储胶沟纹，可提高接合强度。（b）气钉接合强度较低，用来连接非承重结构或受力不大的承重结构。马口钉是最常见的木工家具气钉，紧固度高。

 木工小贴士——偏心连接件

　　偏心连接件种类多样，主要用于旁板和水平板件连接，具有安装快速、牢固、可多次拆卸、安装后不影响整体美观等优点。通常三合一连接件由偏心轮、连接杆及预埋螺母组成，其安装牢固、拆装方便、应用广泛。

（a）三合一连接件分解

（b）三合一连接件应用

↑三合一连接件

三合一连接件的应用前提是要在板材上钻孔，需要大型钻孔车床加工，很少用于手工木质家具制作。

↑铰链

铰链是板式家具活动部件柜门的连接件，由铰杯、铰臂、底座三部分组成，分为直弯、中弯、大弯三种，适用于全盖门、半盖门、不盖门。

↑抽屉滑轨

抽屉滑轨是32mm系统的标准件，轨道安装孔间距均为32mm或32mm的整倍数。

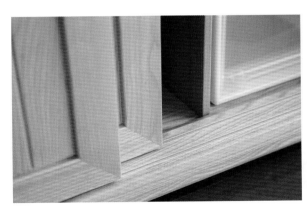

↑滑动门轨

移门能够通过门轨和滑轮实现家具柜门自由启闭。

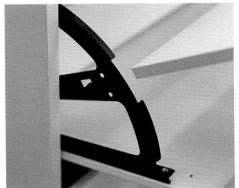

↑翻斗转轴支架

翻斗转轴支架用于翻斗鞋柜，采用金属、塑料、木质材料制成，方便柜门平翻顺畅。

↑层板销

层板销有多种样式规格，强度高、承重大，主要用来支撑柜内层板。

↑挂衣座

挂衣座与挂衣杆配合使用，可顶装或侧装，承重稳固，适合多种木质衣柜。

↑锁具

锁具主要用于门和抽屉等部件固定，保证存放物品的安全。

木工小贴士——使用三合一连接件安装板件

三合一连接件钻孔时，应根据规格尺寸控制各孔的钻孔深度。膨胀塞刚好插入木板内，使木板表面平整。木榫孔深度为13～15mm，木榫孔与连接杆的孔径保持一致。连接件各孔位置应精确计算。偏心轮孔的中心线与连接杆孔的中心线要对齐，不能错位。偏心轮孔深度要结合木板厚度和偏心轮高度设定。使用三合一连接件将两块板件连接在一起时，具体操作步骤如下。

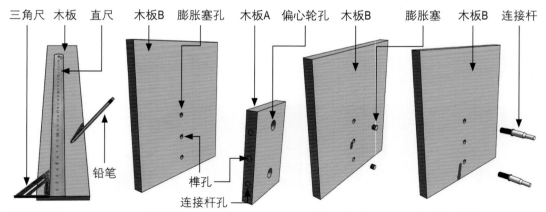

↑精准定位

用尺测量定位，分别确定膨胀塞孔（木板B平面）、连接杆孔（木板A侧面）、偏心轮孔（木板A平面）、木榫孔（木板B平面和木板A侧面）的位置。

↑钻孔

在木板A侧面依次钻出连接杆和木榫孔眼，平面上钻出偏心轮孔眼；在木板B平面上钻出膨胀塞和木榫孔眼。

↑安装膨胀塞

在木板B的膨胀塞孔上，用锤子依次敲入膨胀塞。

↑拧入连接杆

将连接杆有螺纹的一边拧入膨胀塞内（木板B）。

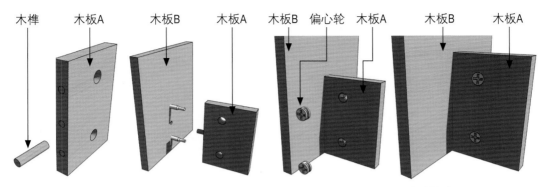

↑**敲入木榫**

在木板A的侧面木榫孔内，用锤子敲入木榫。

↑**板材对接**

将木板B平面与木板A侧面贴紧在一起，此时连接杆插入木板A的侧孔内。

↑**锁紧偏心轮**

将偏心轮插入木板A的平面孔眼内，其缺口对准连接杆，并用螺丝刀将偏心轮顺时针旋转90°锁紧。

↑**连接牢固**

木板A与木板B之间连接牢固，安装完成。二合一连接件与四合一连接件的安装方法与三合一连接件相似。

　　32mm系统是一种世界通用的家具结构形式与制造体系。32mm系统以旁板设计为核心，家具中的顶板、底板、层板、抽屉导轨都必须与旁板接合，旁板上的孔主要有结构孔（家具框架连接孔）、系统孔（搁板、抽屉、门板等零部件的装配孔），这些都应当在32mm方格网点内。

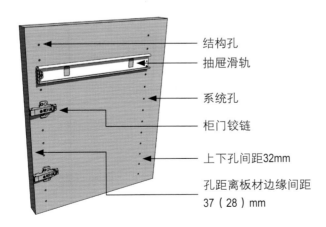

结构孔

抽屉滑轨

系统孔

柜门铰链

上下孔间距32mm

孔距离板材边缘间距37（28）mm

←**32mm系统中的结构孔与系统孔**

采用铰链安装的平开外盖门，前轴线到旁板前沿的距离为37（28）mm；采用内嵌门或抽屉，距离为37（28）mm+门厚。通用系统孔孔径为5mm，孔深为13mm；当系统孔用作结构孔时，其孔径根据选用的配件要求而定，多为5mm、8mm、10mm、15mm、25mm等。

三、综合搭配构造

1.实木拼板结构

　　实木拼板是将窄木板拼合而成的宽幅面板材。每块窄椅板宽度不超过200mm，且树种、材质和含水率应一致，常用于各类家具的门板、台面及椅凳座椅板等实木部件中。

↑平拼

将被接合表面刨平后涂胶结合，工艺简单，不开槽不打眼，充分利用材料，接缝严密。但是，其接合强度较低，胶接时不易对齐，板面易产生凹凸不平现象。

↑搭口拼

将被接合面刨削成阶梯形榫槽后涂胶结合，接合强度高，表面平整度也较好。但是，其材料消耗量比平拼多5%。

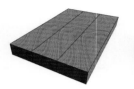

↑企口拼

将拼接面刨削成直角形榫槽后涂胶结合，接合强度和表面平整度更高，拼缝封闭性好。

↑齿榫拼

将拼接面加工成齿榫后涂胶结合，接合强度比榫槽高，拼板表面平整度与拼缝密封性都好。

↑插入榫拼

将被接合面刨平后，在板材侧面中心线上加工出若干个圆孔，涂胶接合，可提高接合强度，能节约木材。

↑穿条拼

将被接合面加工出平直光滑的直角槽，采用木条与胶接合，接合强度高，加工简单，节约木材。

↑明螺钉拼

在拼板的背面与另一拼板的拼接面钻孔，在两块拼板侧面涂胶对齐，用螺钉加固。这种方式接合强度高，能节约木材，但会破坏拼板背面结构。

2.箱框结构

箱框结构是由板材构成的框架结构。箱框至少由3块木板构成，中间可设有中隔板。如果箱框的承重较大，可以采用整体多榫接合。

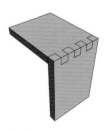

（a）直角开口多榫

（b）斜角开口多榫

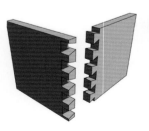

（c）明燕尾榫

（d）半隐燕尾榫

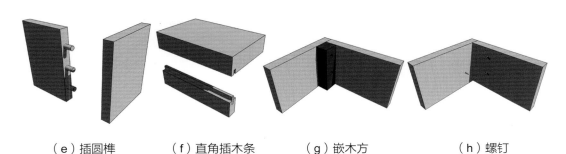

（e）插圆榫　　　　（f）直角插木条　　　　（g）嵌木方　　　　（h）螺钉

↑箱框直角接合

箱框接合强度以整体多榫为主，其中明燕尾榫强度最高，用于箱盒四角接合，如抽屉后角接合。

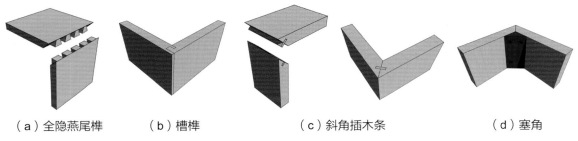

（a）全隐燕尾榫　　　　（b）槽榫　　　　（c）斜角插木条　　　　（d）塞角

↑箱框斜角接合

全隐燕尾榫的接合强度相对较低，但是外表美观，多用于箱子、包脚结构。槽榫的板材底端部容易崩裂，强度较低，适用于硬阔叶树材箱框接合。

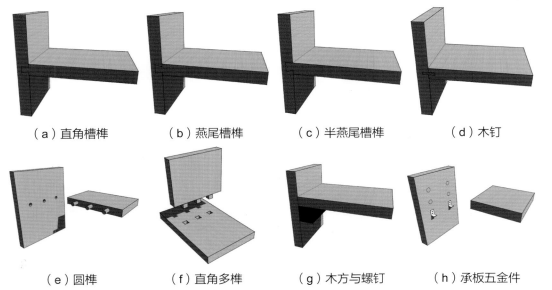

（a）直角槽榫　　　　（b）燕尾槽榫　　　　（c）半燕尾槽榫　　　　（d）木钉

（e）圆榫　　　　（f）直角多榫　　　　（g）木方与螺钉　　　　（h）承板五金件

↑箱框搁板接合方式

如果搁板为拼板件，可用直角多榫与旁板接合。如果搁板为其他板式部件，宜用圆榫。槽榫接合可以在箱框构成后再插入中板，装配较方便，但对旁板有较大削弱作用。

第二章

材料识别选用:
购买经济适用的木工材料

章节导读:

木工家具中每一块木板都具有独特的个性。本章列出多种常用实木板、木质人造板,详细讲述木材的成材时间、产地、特性,方便读者选择适合自己的家具木料。此外,本章还对家具制作中用到的五金件配件、胶黏剂、涂料等辅助材料进行介绍。

↑榉木床边柜与黑胡桃储物柜

不同材质的木制家具具有不同的使用感受。榉木少许偏黄或微红,纹路相对较平淡,榉木家具给人细腻的质感、自然原始的气息以及扑面而来的清新感;黑胡桃木呈浅褐色稍带紫色,纹理自然细密,整个黑胡桃家具表现出安静、沉稳和高级感。

第一节　木料的选用

　　木材来自树木，从树木到家具，木材的颜色、密度、纹理、加工特性等都会发生变化。

一、木料品种

　　木材的种类很多，主要分为软木料和硬木料两大类。软木料主要是指松木、杉木、杨木等，木质松软、纹理顺直、不易膨缩、变形较小、易加工，但强度有限。软木料主要用于建筑装修中，如修缮用料、框架材料、家装材料等。

　　硬木料主要是指胡桃木、樱桃木、柚木、桃花心木、黄花梨木、鸡翅木、酸枝木、橡木、枫木等，产自落叶树，质地致密坚实、含油量高，颜色、纹理和形状丰富。硬木料主要用于家具制作。常用树种一览见表2-1。

表2-1　常用树种一览

树种	图例	成材时间	产地	特征	用途
黑胡桃木		80～100年	北美洲	纹理高档、稳重，木质坚硬、细腻，稳定性好，抗热能力强，不易变形、腐蚀、开裂，价格较高	家具、橱柜、高级细木工产品、门、地板等
樱桃木		50～80年	欧洲、日本、美国	直木纹，纹理清晰、细腻、有光泽，干燥时收缩大，干燥后稳定	拼花地板、实木家具、橱柜等
鸡翅木		150～200年	非洲、东南亚	纹理清晰，颜色突兀，柔韧性好，不惧水浸、不生虫，价格高	高级家具、饰品、饰材
桃花心木		20～25年	南美洲、热带地区	纹理交错呈波纹状，木质坚硬，尺寸稳定，可塑性好，耐腐蚀性强	高级家具，高级薄木贴面用材
乌金木		80～100年	亚洲热带地区、非洲	纹理直，结构细而匀，有光泽，木质坚硬，刨面光滑，强度高，加工性能好	高级家具、装饰地板、雕刻

续表

树种	图例	成材时间	产地	特征	用途
刺猬紫檀		150～200年	非洲	木纹清晰美观，木质坚硬，密度高，结构稳定，耐久性好，不开裂、不变形	高级红木家具
红胡桃木		25～30年	中非、西非	纹理细腻、色差小，强度高，握钉力强，抗腐蚀性、韧性及弯曲性能较好且易加工	高级家具、乐器
黄花梨木		400～500年	中国	木材硬重、有光泽，纹理斜而交错，结构细而匀，耐腐蚀性和耐久性强、强度高	高级家具、饰品、饰材
酸枝木		300～400年	东南亚	材色不均匀，木质有光泽且含油，纹理斜而交错，密度高，坚硬耐磨	饰品、饰材
花梨木		300～400年	中国海南、云南，东南亚，南美洲，非洲	浅黄至暗红褐色，可见深色条纹，纹理交错，结构细而匀且有光泽，耐磨、耐久性能佳，强度高	高级家具、饰品、饰材
柚木		100～150年	中国、印度尼西亚、泰国、缅甸等	木质紧实，触感细腻、油滑，表面富有光泽，木材结构稳定，抗风化性和耐腐性很强，不易变形、腐蚀或开裂	高级家具、地板
橡木		60～80年	亚洲、欧洲、北美洲	木质坚硬，孔隙大，纹理直或斜纹，韧性、耐腐蚀性和耐用性较好，使用寿命长	高级家具、门窗、地板、装修板材
橡胶木		8～10年	中国南方地区、东南亚	纹理美观，干缩小，木质较轻软，易霉变、虫蛀和腐朽，价格较低	家具、地板及木芯板等

续表

树种	图例	成材时间	产地	特征	用途
白蜡木		45~50年	俄罗斯、北美洲、欧洲部分地区	木纹通直，肌理粗糙，花纹面积大且绚丽，木质坚硬、触感柔和且韧性强度高，抗冲击性和耐腐蚀性强，不易变形	高级家具
水曲柳		15~20年	中国东北、华北地区，日本北海道，俄罗斯，北美洲	木材弦切面花纹美观、切面光滑、色差小、韧性好，干燥困难，易翘曲	装饰板材，家具、楼梯踏板、扶手
榉木		20~25年	欧洲	肌理细腻，饰面效果极佳，木质坚硬，耐磨损，加工、涂饰性较好	装饰材料，家具、门窗制作
榆木		25~30年	亚洲	木质坚硬，纹理清晰，刨面光滑，弦切面花纹美丽，易翘曲、变形，美感差，价格便宜	雕漆工艺品、家具、装修
松木		20~30年	欧洲、北美洲	色泽天然，木纹清晰、通直，木质轻软，强度、弹性及透气性能好，性价比高	建筑装饰结构材料、地板，儿童家具，木工初学者练习
桦木		10~12年	美国东部和北部、日本	木纹清晰，结构均匀，手感舒适，木质光滑细腻，硬度高且耐磨，抛光性能好，韧性、弯曲强度、抗压强度较好	家具支撑结构、内部框架
杉木		15~30年	中国长江流域、秦岭以南地区	质地轻软，加工方便，具有一定强度	家具内部隔板，门窗辅料加工
柳桉木		20~35年	缅甸、印度、印度尼西亚、菲律宾	木纹较粗，表面有光泽，颜色从浅色到深色，木质软硬适中，加工方便	门窗、家具

续表

树种	图例	成材时间	产地	特征	用途
枫木		30~50年	中国长江流域以南至中国台湾地区、美国东部	木质紧密、纹理均匀、花纹美丽、光泽良好、抛光性佳	高级家具

木工小贴士——木材的形态特征

　　木材的横切面和径切面上木材颜色有深有浅。有的树种靠近髓心部分，材色较深，水分较少，称为心材；有的树种靠近树皮部分，材色较浅，水分较多，称为边材；有的树种的树干中心部分与外围部分的材色无区别，但含水量不同，中心水分较少的部分可称为熟材。家具制作多选择将边材和心材混在同一块木板中，以获得更好的颜色对比；也可以使用单一材质，来统一家具色调。12种常见木材形态特征见表2-2。

树皮
边材
心材
髓材
年轮

→木材的横切面结构示意图

表2-2　12种常见木材形态特征

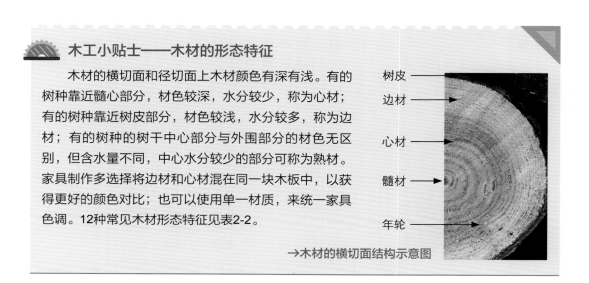

序号	树种	木材形态图	序号	树种	木材形态图
1	北美黑胡桃木	纵切面　心材　边材	3	白蜡木	纵切面　心材　边材
2	桃花心木	纵切面　心材　边材	4	奥古曼	纵切面　心材　边材

续表

序号	树种	木材形态图	序号	树种	木材形态图
5	刺猬紫檀	纵切面　心材　边材	9	红松	纵切面　心材　边材
6	核桃木	纵切面　心材　边材	10	水曲柳	纵切面　心材　边材
7	橡胶木	纵切面　心材　边材	11	桦木	纵切面　心材　边材
8	乌金木	纵切面　心材　边材	12	榉木	纵切面　心材　边材

二、木质人造板

目前随着高质量胶黏剂（俗称"胶水"）的不断研发与推广，大多数木材被加工为木质人造板。木质人造板大多由多张薄板层叠而成，且相邻两块薄板的纹理方向彼此垂直，不易开裂，整体性能稳定。木质人造板是现代家具制作的理想材料。木质人造板主要分为实木人造板与合成人造板。

1.实木人造板

实木人造板中主要为实木形体，采用"胶水"将实木体块、薄板粘接起来，"胶水"含量较少。

↑胶合板

由三层或三层以上薄木单板按相邻层纤维方向排列胶合而成，板材厚度小，强度、硬度较高，握钉力较好，板面收缩率小，可避免开裂翘曲，是目前手工制作家具最常用的材料。

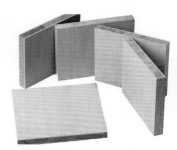

↑细木工板

由木块组成板芯，上下两面各胶压一层单板而成。板材会受板芯材质的影响。板芯主要树种为杨木、桦木、松木、泡桐等，板材质地坚硬，加工简便；但不耐潮湿，应避免用于厨卫家具。

↑指接板

将小规格板材接长、拼宽、层积而成。有天然木材的材质感，外表美观，不开裂，主要用于柜类旁板、隔板、顶底板等大幅面部件；也可以制作抽屉侧板、底板等小幅面部件，但是不适合制作柜门等面板，容易变形。

2.合成人造板

合成人造板将木材与其他纤维材料合成后，经过成型或组坯、热（冷）压制成。合成人造板保持了木材原有的强度、隔声、保温、易加工等优点，克服了实木人造板的各向异性、幅面小、存在天然缺陷等问题。

↑刨花板

将木材加工剩余物加工成刨花，施加"胶水"后热压而成。价格低、加工性能好，但握钉力较低，采用三合一等紧固件，不宜多次拆卸，广泛用于家具的生产制造。

↑纤维板

将木材或植物纤维处理后，掺入"胶水"与防水剂，经高温高压成型。板面光滑平整、质地细密、边缘牢固，但耐潮性较差，握钉力较差，主要用于成品家具、门板和强化木地板等的制作。

↑欧松板

以阔叶树材的小径木为主要原料，加工成几何形状的刨片，施加"胶水"后热压而成。板材防潮性能优异，易加工，握钉能力强，主要用于室内装饰、家具制作，适用于制作门窗套、衣柜门或雕刻、镂铣造型等。

 木工小贴士——成品板材裁切规格

成品板材尺寸多为1220mm×2440mm，厚度有3mm、5mm、6mm、9mm、12mm、

15mm、16mm、18mm、25mm等。实木板、胶合板、装饰面板、细木工板、密度板、刨花板、纤维板等都是这些规格。成品板材在使用前需要进行裁切，基础裁切尺寸如下（单位：mm）。

↑成品板材裁切尺寸示意图

三、铰链与拉手

1.铰链

铰链又称为合页，在家具制作中主要用于各类柜门的固定安装，如橱柜门、衣柜门等。铰链分为直弯（直臂、全盖）、中弯（曲臂、半盖）、大弯（大曲、内藏、无盖）。装铰链的侧板内空深度应大于70mm。

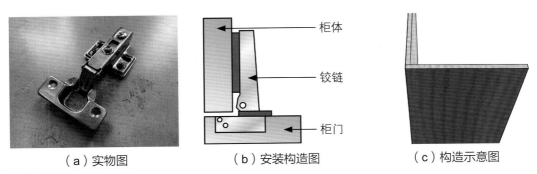

（a）实物图　　　　　（b）安装构造图　　　　　（c）构造示意图

↑直弯铰链

直弯铰链主要用于柜体靠边的柜门安装，柜门安装后能完全遮挡住柜体垂直板材。

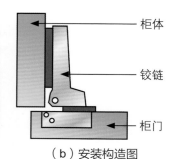

（a）实物图　　　　　　（b）安装构造图　　　　　　（c）构造示意图

柜体

铰链

柜门

↑中弯铰链

中弯铰链主要用于柜体中央的柜门安装，柜门安装后能遮挡住一半柜体垂直板材。

（a）实物图　　　　　　（b）安装构造图　　　　　　（c）构造示意图

柜体

铰链

柜门

↑大弯铰链

大弯铰链主要用于柜体内部柜门安装，柜门安装后，柜门表面与柜体垂直板材表面平行。

木工小贴士——调节柜门铰链的小窍门

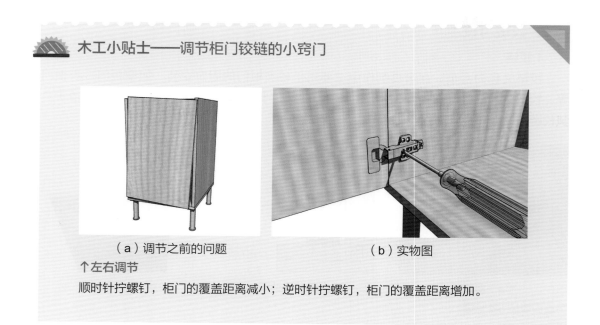

（a）调节之前的问题　　　　　　　　　　（b）实物图

↑左右调节

顺时针拧螺钉，柜门的覆盖距离减小；逆时针拧螺钉，柜门的覆盖距离增加。

（a）调节之前的问题

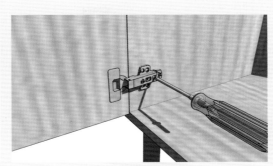

（b）实物图

↑纵深调节

顺时针拧螺钉，柜门与柜体的间距减小；逆时针拧螺钉，柜门与柜体的间距增加。

（a）调节之前的问题

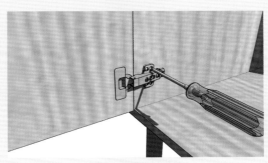

（b）实物图

↑上下调节

通过可调高度的铰链底座，可以精确调整上下高度。

2.拉手

拉手是柜式家具中不可或缺的设计元素之一。选配时应注意家具的款式、功能和整体风格，尽量选择与使用环境相匹配的拉手。

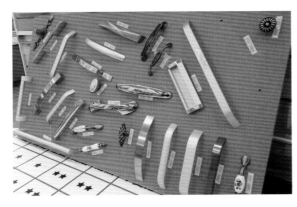

←款式多样的家具拉手

选择家具拉手应当综合考虑材质、表面处理方式、样式、风格等几个方面因素。最常见的拉手材质有全铜、锌合金、铝合金、不锈钢、塑料、陶瓷等。表面处理方式一般有镀锌、镀亮铬、镀珍珠铬、麻面黑、黑色烤漆等。样式通常有单孔圆式、单条式、双头式、暗藏式等。拉手风格主要有现代简约风、中式仿古风、欧式田园风、北欧风等。

▎四、滑轨与滑轮

1.抽屉滑轨

抽屉滑轨是固定在轨道上，供抽屉等构件运动的导轨；长度有10英寸[1英寸（in）＝25.4mm]、12英寸、14英寸、16英寸、18英寸、20英寸、22英寸、24英寸等，可以根据抽屉安装长度来选择。

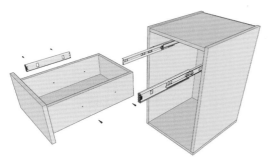

（a）安装抽屉上的滑轨 　　　　　　　（b）对接滑轨插入抽屉

↑抽屉滑轨安装

首先，将抽屉的底板与四块侧板组装好，抽屉面板带卡槽或安装孔的地方是固定拉手用的。然后，按下滑轨中内轨道上的卡扣，并抽出内轨道，此时内轨道（窄）与外轨道（宽）是分开的。接着，使用铅笔做好标记，用螺丝钉将两副外轨道（宽）固定在抽屉两侧的面板上，注意保持左右内轨道平行对齐。同时将内轨道（窄）固定到柜体内壁板材上，同样也要保持对齐、平行。最后，托起抽屉，将抽屉上的外轨道（宽）对准柜体上的内轨道（窄），滑入柜底即可。

2.滑轮

滑轮是带有轮子的金属零件。家具底部安装滑轮可以任意移动家具的位置，推拉柜门上安装滑轮可以左右滑动衣柜门，应当根据柜门或家具的体量选择滑轮的尺寸。

↑柜体滑轮

玻璃纤维滑轮的韧性、耐磨性较好，滑动顺畅，经久耐用。玻璃纤维柜体滑轮适用于家具底部安装，能让固定家具移动。

↑轻型柜门滑轮

塑料滑轮质地坚硬，价格便宜但容易碎裂，使用时间一长会发涩，适用于柜门厚度小于10mm轻型柜门安装。

↑中型柜门滑轮

适用于整体衣柜推拉门的滑轮具有一定抗压强度，柜门厚度可达22mm。

五、锁具

家具锁是置于可启闭的家具构造上，如抽屉、柜门等，用来锁住家具内部收纳空间。

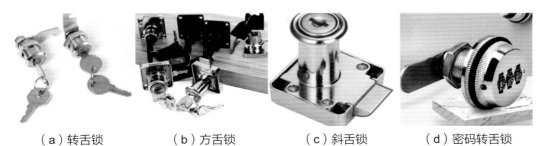

（a）转舌锁　　　（b）方舌锁　　　（c）斜舌锁　　　（d）密码转舌锁

（e）搭扣锁

←家具锁

锁具的样式较多，适用于各类储物柜、抽屉、衣柜、电视柜等家具。转舌锁的结构比较简单，安装也简便，价格低廉；方舌锁是一种应用比较普遍的抽屉锁，装于抽屉正中间，只能锁住一个抽屉；斜舌锁关闭时，将抽屉推入即可锁住，使用方便；密码转舌锁无须钥匙，只需拨动转盘对应的密码即可开启锁扣；搭扣锁由挂锁扣和锁头组成，旋转90°即可上锁。

六、角码

角码由不锈钢、铝合金等材质制作，用来增加家具接榫处或转角处的强度，有加强接合功能的作用。

（a）L形（窄边）　（b）L形（宽边、圆角）　（c）L形（宽边）　　（d）I字形

（e）7字形　　　（f）T字形

←形状各异的角码

角码的形状有T字形、7字形、I字形、L形等，不同的款式适合不同的场景使用，使用螺钉固定安装。

七、钉子

钉子是木工家具中重要的连接五金件，钉子通过挤压与木质材料发生紧密结合，最终起到固定作用。选择钉子的长度通常应当是被钉工件厚度的2.5～3倍。

胶黏剂俗称"胶水"，品种繁多，形态不一，用于木工家具的胶黏剂主要包括以下几种。

一、白乳胶

白乳胶在木工家具中用途最广，用量最大，成膜性好，黏结强度高，固化速度快，不含有机溶剂，价格低廉。

白乳胶主要用于木质材料之间粘接，对多孔材料如木材、纸张、棉布、皮革等材料有很强的黏结力，初始黏度较高，固化后胶膜有一定韧性，使用起来比较方便；以水为分散介质，不燃烧，安全无公害，能室温固化且固化速度快，便于加工。

↑白乳胶包装

可常温固化，固化速度较快，粘接强度较高，粘接层具有较好的韧性和耐久性且不易老化。

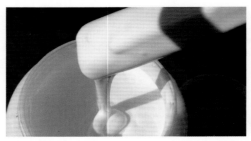

↑白乳胶质地

常温下呈乳白色黏稠液体状，可加少量水稀释。

二、氯丁胶

氯丁胶常称为万能胶，是实用性很强的胶黏剂，可室温固化，初始黏结力很大，粘接强度较高，用途极广泛。氯丁胶主要用于木质材料与塑料、金属、橡胶、皮革、织物等材料粘接。

↑氯丁胶包装

氯丁胶用途广泛，对金属和非金属材料都有较好的粘接性，尤其适用不同材料之间相互粘搭接，但是有一定的毒性和污染性。

↑氯丁胶质地

常温下呈深乳黄色流动性液体状，具有优异的综合性能，成膜性能较好。

三、免钉胶

免钉胶是一种粘接力极强的多功能强力胶，可替代玻璃胶、氯丁胶等多种胶。免钉胶主要用于木质材料之间，或与其他塑料、金属、橡胶、皮革、织物等材料之间粘接。免钉胶可粘接的范围广泛，粘贴速度快，储存周期长，但不防水，不能长期暴露于高温或潮湿环境中。干燥固化后十分坚硬，只能用刮削或打磨方式去除。

↑免钉胶包装

免钉胶固化速度较快，综合性能好，主要通过吸收空气中的水分而固化。

↑免钉胶质地

免钉胶质地黏稠，呈浅米黄色，使用时快速粘贴，避免暴露在空气中快速固化。

四、硅酮结构胶

硅酮（学名聚硅氧烷）结构胶是一种坚韧的橡胶固体胶，主要用于木质材料与玻璃、混凝土、水泥界面粘接，粘贴力强、拉伸强度大，具有良好的耐候性、抗振动性、防潮性。

↑硅酮结构胶包装

硅酮结构胶外部为软包装，配合打胶器使用，适用面广。

↑硅酮结构胶质地

硅酮结构胶质地柔软、黏稠，有金、黑、棕、银等多种色彩。

 木工小贴士——去除木料表面干结的"胶水"

"胶水"在木料表面干结后，可以通过机械去除，即直接刮掉或打磨掉；还可以采用溶剂去除，如接触型胶黏剂、氰基丙烯酸酯胶黏剂、热熔胶等胶黏剂等可以使用丙酮溶解。

涂料是涂覆在家具物件表面，形成附着牢固且具有一定强度和连续性的固态薄膜材料，使家具具有防腐蚀、防机械损伤、抑制金属锈蚀的功能，能延长家具使用寿命。家具涂刷涂料后还能得到绚丽多彩的外观。

一、油性涂料

油性涂料是以干性油为主要成膜物质的涂料。所用油脂主要为桐油、亚麻油等，易于生产，价格低廉，涂刷性好，涂膜柔韧，渗透性好，但干燥速度慢，涂膜物化性能较差。

↑硝基漆

硝基漆具有干燥速度快、光泽柔和等优点，但其在高湿天气易泛白、丰满度低、硬度低。硝基漆分为高光、半亚光和亚光三种。

↑聚酯漆

聚酯漆是用聚酯树脂为主要成膜物制成的厚质漆，漆膜丰满，层厚面硬，颜色浅，透明度好，光泽度高。但是，聚酯漆柔韧性差，受力时容易脆裂，一旦漆膜受损不易恢复；同时，调配比例要求严格，应根据需要随配随用。

二、水性涂料

水性涂料是以水作为稀释剂的涂料。水性漆价格较高，附着力较好，常温干燥迅速，并具有优良的防腐性能、耐候性、防开裂功能，尤其适合大面积涂刷。

↑聚氨酯水性漆

聚氨酯水性漆综合性能优越，丰满度高，漆膜硬度可达到1.5～2H，耐磨性能甚至超过油性漆；使用寿命、色彩调配方面都有明显优势，为水性漆中的高级产品。

↑丙烯酸水性漆

丙烯酸水性漆附着力好，不会加深木器的颜色，但耐磨性和抗化学性能较差；漆膜硬度较软，成本较低。

三、木器涂料

水性木器涂料色彩丰富，且环保性好，不发黄。水性木器涂料是主流，用水稀释，使用方便，适合各种木质家具。

1.透明水性木器涂料施工

透明水性木器涂料主要用于木质构造表面涂饰，它能起到封闭木质纤维，保护木质表面，保持光亮美观的作用。

（1）清理涂饰基层表面，铲除多余木质纤维，使用0#砂纸打磨木质构造表面与转角。

（2）根据设计要求与木质构造的纹理色彩将成品腻子粉调色，修补钉头凹陷部位，待干后用240#砂纸打磨平整。

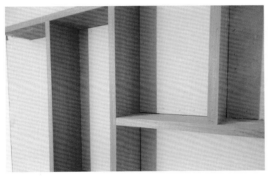

↑基层处理

木质构造制作完毕后应当采用砂纸打磨转角部位，去除木质纤维毛刺。

↑修补腻子

将同色成品腻子填补至气排钉端头部位，将表面刮平整。

（3）整体涂刷第1遍涂料，待干后复补腻子，采用360#砂纸打磨平整，整体涂刷第2遍涂料，采用600#砂纸打磨平整。

（4）在使用频率高的木质构造表面涂刷第3遍涂料，待干后打蜡、擦亮、养护。

↑涂刷涂料

采用砂纸打磨后涂刷涂料，施工时应当顺着纹理涂刷。

↑涂料涂刷完毕

涂料涂刷完毕后注意养护，一定要等完全干燥后再涂饰周边的其他涂料。

2.有色水性木器涂料施工

有色水性木器涂料主要用于涂刷未贴饰面板的木质构造家具表面，或根据设计要求应将木纹完全遮盖的木质构造表面。常用的有色水性木器涂料是聚酯涂料与醇酸涂料，涂刷后表面平整，干燥速度快，施工工艺具有代表性。

（1）清理涂饰基层表面，铲除多余木质纤维，使用0#砂纸打磨木质构造表面与转角，在节疤处涂刷虫胶漆。对涂刷构造的基层表面做第1遍满刮腻子，修补钉头凹陷部位，待干后采用240#砂纸打磨平整。

（2）涂刷干性油后，满刮第2遍腻子，采用240#砂纸打磨平整。

↑调配腻子颜色

采用成品腻子将涂饰界面满刮平整，腻子应当遮盖基层材料的色彩。

↑砂纸打磨

在腻子中添加颜料来调色，使腻子的颜色与混漆的颜色相近。

（3）涂刷第1遍有色水性木器涂料，待干后复补腻子，采用360#砂纸打磨平整；涂刷第2遍涂料，采用360#砂纸打磨平整。

（4）在使用频率高的木质构造表面涂刷第3遍涂料，待干后打蜡、擦亮、养护。

↑使用一般毛刷涂刷

对于局部构造可采用一般毛刷施工，并顺着结构方向涂刷。

↑小号毛刷涂刷

对于局部构造应当采用小号毛刷施工，并顺着结构方向涂刷。

木工小贴士——填补木材表面气孔

　　粗纹理的木材在做完表面处理后，其木材表面的气孔容易显露出来，尤其是在有光线反射的情况下，如针对桃木、橡木处理时。这些气孔要么是被填补平整，要么是涂刷很多层涂料并磨平表面来进行填充，然后才能进行表面处理工作。

←腻子填补法

腻子是颗粒细小的糊剂或粉末，能调配成与木材相匹配的颜色。在木质家具涂刷涂料前，将腻子调成糊状直接填充木材表面气孔，也可以用来修复木质家具表面的裂缝或钉眼，使表面看起来平整、光洁。

四、染色剂

　　染色剂可以给木料表面添加颜色，丰富家具的视觉效果，消除不同木质板材中的色差，甚至可以将廉价木料染成与昂贵木料同样的色泽效果。染色剂主要有色素和染料两种。色素可以掺入涂料或胶黏剂中使用，染料则可独立使用或掺入稀释剂使用。

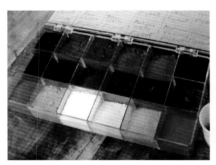

↑色素

色素是经过精细研磨的天然或人造土壤粉末，在木料表面涂抹就无法看到木料本身的纹理，色素被擦除后，就会附着在木料凹陷处形成染色效果。

↑染料

通过液体溶解的染料为粉末状，直接为液体形态的染料需要搭配溶剂方可使用。

五、蜡

　　蜡覆盖在其他涂料层上，作为抛光剂使用，能增强木质材料表面的美观性，能填补涂料中的缝隙、划痕，也可以作为旧家具翻新修补之用。大多数膏状蜡为石蜡、棕榈蜡、蜂蜡，使用时要将其与配套的溶剂混合变软后使用。

↑石蜡

石蜡从石油中分离，熔点约为58℃；石蜡硬度较软，光泽度稍差。

↑棕榈蜡

从棕榈树的叶片上刮取，熔点约为85℃；棕榈蜡硬度非常高，光泽度也好，单独使用很难抛光，产品中多为混合石蜡。

↑蜂蜡

蜂蜡是从蜂巢中提取的，熔点约为66℃；蜂蜡硬度、光泽度中等，表面处理或抛光非常简单。

　　蜡的硬化时间越长就越难被擦除。如果为较大木质家具表面涂蜡，可选择溶剂挥发速度较慢的蜡制品。

↑抹布蘸蜡

蜡为凝固状态，使用布料蘸取，以便上蜡。

↑擦拭

在木材表面以擦拭的方式进行涂装工作，注意涂层不能过厚，薄薄一层即可。

↑平扫

待木材纹路清晰并晾干后，再用抹布平扫完成。

第三章

木工工具组合搭配：
即刻能上手的廉价工具

章节导读：

本章主要介绍制作木工家具的操作方法。掌握木工工具的使用技巧后，能让制作过程变得更轻松；同时，还要保护好自己，避免造成不必要的伤害。在学习木工基础工具知识后，就可以购入部分入门级木工工具。

↑木工手工制作工具

工欲善其事，必先利其器。要想做出尽善尽美的木工作品，选择合适的工具尤为重要，使用恰当的工具能让木工制作更加得心应手，提升制作过程中的成就感和愉悦感。

第一节　传统手工工具

木工工具分为传统手工工具、手持电动工具、台式电动工具等。传统手工工具更适用于制作小型木艺，可以创造出无限丰富的形式。

一、锯

手工锯可以将木材锯割成各种形状，或是达到木构件需要的尺寸。手工锯的核心是锯齿，不同锯的齿形各不相同。手工锯的功能依靠锯齿设计来完成。锯齿密度越大，切面越精细，但也越费劲和耗时。

1.手工锯的种类

通常手工锯锯条采用碳素工具钢制成，刚性和热处理较好；机械圆锯片选用合金工具钢制成，能符合圆锯片工作的特性；带锯条由铬钨锰合金钢制成，其刚性和硬度适中。

←框锯

框锯是最传统的木工锯，操作起来相对其他锯要更困难。

←手板锯

手板锯长而灵活，锯齿一般较大，锯切时不易偏位，适合初步的锯切。常用于切割相对大块的木板和面板，或用于劈开横切木头。

←线锯

线锯锯片细窄，容易使锯路弯曲。安装时注意锯齿应往拉的方向装，不然会损坏锯条。弓锯则适用于切割一些复杂的部件，可以切割曲线，或在板材内部切出一个形状，如燕尾榫或弧形部件。如果加工部件要求更细致，则可换成更细的锯条线锯。

←日本锯

日本锯锯齿的每个面都打磨得非常锋利，加工的切割面更加整洁和细腻，在制作精细部件时，使用日本锯会更精细。

↑榫头锯

榫头锯的锯片相对比较软，适合锯切各种榫头及凸起的木材。

↑燕尾锯

燕尾锯又称为鸡翅锯，锯齿更小、更短、更锐利，下锯更锋利、高效，切口整齐又精确。

↑夹背锯

夹背锯锯齿比手板锯小且密，截面效果较好，但耗时；锯背上有金属件，能使其在锯木时保持稳定，也因此限制了切割深度，适用于切割榫头。

↑双刃锯

双刃锯的双面都有锯齿，一面用于横向锯切，另一面用于竖向锯切，只要一件锯子就能完成多种线条的锯切，特别适合用来锯切各种角度与线条。

↑折叠锯

折叠锯外观精致、小巧，锯齿锋利，折叠锁扣设计可以隐藏锯片，日常携带或收纳都很方便。

木工小贴士——木工多功能斜锯柜

大多数刚入门的木工新手，无论怎样锯切都很难完全按照墨线痕迹来完成。对木板锯切要求不严格时，可以使用多功能斜锯柜。

（a）90°锯切

（b）45°锯切

（c）成品木框

↑多功能斜锯柜

将木材放到锯盒内，根据对应的锯槽可以快速地完成22.5°、45°、90°等多种角度锯切。

2.锯的裁切操作

手工锯的锯刃部位根据锯齿形状主要分为横截锯和纵切锯两种。如果要对木材纹路呈垂直状切割时，使用横截锯；如果将木材直向切断时，可以使用纵切锯。

↑画线

使用曲尺在需要切割的部位画线。

↑划出线痕

用美工刀在墨线上浅浅地划出线痕，注意不要划弯曲了；划出痕迹后再使用锯子裁切，切线不易弯曲。

↑对准

眼睛看着切割线，将锯子放到画线处对齐，另一只手抵住锯子一侧固定。

↑裁切

压住木头以保证稳定性，开始锯时动作要慢要稳，身体保持平衡的姿势，保持前后推拉直至切割完毕。

二、刨子

　　刨子是中国传统木工的主要工具，用于木料的粗刨、细刨、净料、净光、起线、刨槽、刨圆等方面的制作工艺。它由刨刃和刨床两部分构成。刨刃是金属锻制而成的，兼顾锋利和耐磨性，多为贴钢或钢包铁。刨床采用硬度大、不变形的硬杂木制作而成，现代以柞木为佳，红榉木更为常见。

1.刨子的种类

　　刨子的长短并无限定，可根据材料、使用者习惯与加工件而定。刨子越长，所刨的木料表面就越平整。

↑手工台刨

手工台刨的刨刃为45°，而刨刃高于45°的刨子用于刨削硬木，低于45°的刨子用于刨削端面纹理。手工台刨有不同规格的长刨、中刨、短刨、小刨，越长的刨子所刨出的面越平，短刨则操作灵活。

↑槽口刨

槽口刨的刨刃宽度与刨体相同，这种设计能使槽口刨全面触及凹槽或肩槽的平面。一些槽口刨还会配有两个护栏，用于控制凹槽的宽度和深度，并通过调节刨刃位置来调整凹槽的终止点，主要用于制作、清理和调整凹槽。

↑刮刨

刮刨的刨刃设置为稍向前倾斜，主要用于处理粗糙、硬质木材表面。使用时，横向沿纹理移动，以快速刨平粗糙的木板表面。

↑鸟刨

鸟刨的底部短小，把手位于两侧，适用于各类木料模型的修边，如刨削曲面或倒角。

木工小贴士——区分中式刨、日式刨和欧式刨

↑中式刨

传统中式刨的刨体为硬木，使用与调整需要有丰富的经验，上手难度较大。

↑日式刨

日式刨完全与欧式、中式用力方向相反，且没把手，使用时用双手握住刨身，并前后拉动。

↑欧式刨

多为铸铁刨体，把手用手掌可推可按，坚固耐用，配有刨刀深度及横向调节系统，使用与调整简单。

2.刨子的刨削操作

刨刃在不断地切削木料的过程中，如果木质坚硬或表面杂物多，刃口则会变钝。因此，挑选刃片时应兼顾耐用和易磨两个重要指标。

↑查看木材

刨料前，查看所刨的面是里材还是外材，一般里材较外材要更洁净，纹理更清楚。

↑顺着纹理

心材应顺着树根到树梢的方向刨削，外材顺着纹理方向刨削会比较省力。

↑操作姿势

左右手的食指伸出向前压住刨身，拇指压住刨刃的后部，其余各指及手掌紧握手柄。刨身放平，两手用力均匀。

↑下刨

下刨时，刨底紧贴在木料表面，开始时不要将刨头翘起，刨到端头时不要使刨头下垂；否则，木料中间会突出。

↑向前推刨

向前推刨时，两手须加大力量，两个食指略加压力，推至前端时，压力逐渐减小至不用压力为止。

↑退回

退回时，用手将刨身后部略微提起，以免刃口在木料面上拖磨，容易迟钝。

木工小贴士——校准刨

　　木料达到最好的刨削效果在于刨子的准备调节工作。可以通过调整凹槽架的螺钉，以控制刨子开口大小。大开口用于刨削粗纹理，小开口用于刨削细纹理。此外，通过旋转刨子背部的转轮，能调节刨刃的高低，达到控制刨花厚度的目的。调节凹槽架后面的水平调整杆，能确保刨刃与刨底部的面呈平行状态。

↑矫正底部

用尺置于刨底平面上，检查刨底是否平整。如果表面有稍许的凹陷是可接受的，但不能有明显的凹凸缺陷。

↑检查垂直度

使用直角尺检查刨底与刨体是否垂直。

3.精磨刨刃

　　刨刃使用久了，需要研磨。对于缺陷较多的刨刃，通常可先用粗磨石磨，再用细磨石磨。一般刨刃，仅用细磨石或中细磨石研磨即可。

　　（1）打磨刨刃

↑油性润滑液

在2000#磨刀石上，使用油性润滑液润滑磨刀石。

↑打磨

将刨刃刃背朝下横向平放，并在磨刀石上前后推磨，直至磨掉之前工作时留下的毛边。磨刀角度为30°，保持磨刀刨刃刃面的角度和平整。

（2）组装刨子

↑刨刃插入刨体

将刨刃插入刨体上，并确定位于凹槽架上后方的水平调整杆处于中心位置。

↑组装压盖

压盖的前端应与刨刃对齐，避免在刨削木材时抖动或颤抖；同时，能够保持刃面的角度。

↑锤击固定

用锤子敲击压盖使之固定。

（3）调整刀口

↑检查刨刃

将刨子垂直从上方直视，转动刨刃深度调整轮，直到可以在上方看到刨刃与刨底同平。

↑放置平整观察

从侧面观察刨刃与刨底面的平行状态，转动深度调节轮，将刨刃调出刨底。

↑试刨

将初步调试好的刨子放于木料上，并不断移动，将刨刃逐步调出，直到出现刨花。

三、凿子

　　凿子灵活的凿、削能力保证了它可以有多种用法。常用凿子进行凿眼、挖空、剔槽、铲削等制作，尤其是在进行手工切割和接合处匹配中非常有用。

1.凿子的种类

　　在使用凿子时，根据需要配合锤子或单独使用，使用时要多留意木纹方向。

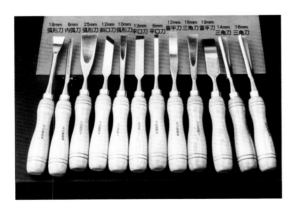

←凿子套装

凿子的形态十分丰富。弧形刀的凿身粗，柄端有箍，常用于凿半圆形孔眼；斜口刀主要用于修整木料的死角或结合面，倾斜方向分左右，斜刃凿能够更轻易地触及死角，适用于倒棱或剔槽；平口刀又称为板凿，凿刃平整，且有宽有窄，在10～30mm之间。弯平刀的刀刃更细更长，使用起来更顺手，主要用来修整平底面或移除小木屑。宽平凿用于剔槽或切削，窄平凿用于凿榫眼。三角刀的凿刃和凿柄都比较粗大，可以承受反复的木槌敲击，主要用于凿榫眼。

2.凿切榫眼

榫眼和榫头接合是结实且持久的结合方式。制作榫眼和榫头时，可以使用手工工具或木工机械，也可以组合使用这两种工具。这里主要采用手工工具来完成。

↑确定尺寸位置

固定木板，使两者间呈90°直角，在两块木板的正面做好标记，确定连接面。

↑侧面竖直摆放

从木板的侧面末端开始，使用尺测量榫眼宽度，并做好记号。

↑距离设置

在测量出的榫眼宽度线与两端之间画出厚度线。

↑敲击凿刃

将凿刃放在离线1～2mm处，凿刃斜面向外，锤子敲击凿刃进入木料内，剔出斜槽。

↑钻大孔

用电钻与较大钻头在线内钻孔，快速去除内部木料。

↑钻边孔

用电钻与较小钻头在线边角钻孔，确定开孔周边轮廓终端。

↑修凿

修凿孔洞壁面，确保外围的木纤维已经被彻底切断，保持切面平整。

↑钻孔修边

用电钻与较小钻头在线边缘上修整，确保边缘是方正平直的形态。

3.切割榫头

榫头要能和与其对应的榫眼很好地搭配起来。组装时会有明显的摩擦阻碍，但不会太费力。

↑测量截面尺寸

用角尺测量出榫头截面尺寸并画线标记。

↑测量侧面尺寸

用角尺测量出榫头侧面尺寸并画线标记。

↑纵向切割

根据画线纵向切割榫头。

↑横向切割

根据画线横向切割榫头。

↑修整锯切

将木料平放后仔细修整边角轮廓。

↑测试插接

将加工完毕的木料榫头进行插接测试，如有误差进一步修整。

↑锤击固定

用锤子将测试完毕后的木料固定。

↑完成

完成后的榫结构应当细致紧密。

四、量具

木工常用的测量工具种类较多，需要掌握使用要领，并正确使用。

1.常见测量工具

不宜使用木直尺，因为木直尺的刻度线太宽，准确度不高。

↑直尺

直尺的用途包括画直线、检验木板平整度、装配机器等；其由金属、木头或者塑料制成，应当选择不反光材质，这样读取读数更准确。

↑卷尺

卷尺用来测量较长的部件。为测量更精确，通常会用100mm的位置对齐起点，再开始测量，读数减去初始长度，可以得出较精准的数值。

↑电子游标卡尺

电子游标卡尺两侧有两个卡口，一端用来测量外径，另一端用来测量内径，尾端可测量深度。

2.角尺

角尺应当选用品牌产品，购买时需要精挑细选。

↑直角尺

为全金属制成，用来画90°角，用法与直尺一样。

↑活动直角尺

为全金属制成，用来画90°角，能调节直角在直尺上的位置，用法与直角尺一样。

↑三角尺

为全金属制成，用来画90°角或45°角，用法与直角尺一样。

↑角度尺

角度尺具有可滑动的刀片，可检查部件内外的各种角度，适用于精细木工构造。

五、画线工具

画线追求精确度，采用不同画线工具画出线条的宽度和模式存在一定的差别，这也会直接影响到家具制作的准确性。

1.刻度标记

画线工具，要保证准确度与位置，画线工具在使用前都需要进行微调。

↑木工铅笔

木工铅笔为扁平状，强度高，不易折断，可以用于标记互相接合的板材、机器切割等。

↑画线锥

金属尖端锐利，画线十分精细。适合在颜色较深的木材上画线，容易辨认，是细木工开槽的常用工具，顺纹理画线效果较好。

↑墨线斗

墨线斗用于长距离画线标记，将斗中的墨水通过弹性线绳转移到木料上，形成标记，供进料深加工参考。

2.测量与画线操作

不同品牌的卷尺质量参差不齐，应尽量选购同一品牌产品，使用前要检查平直度。

↑纵向测量画线

将卷尺的钩子钩在木料的一端，再将卷尺拉出测量并标记。

↑横向测量画线

横向测量要保持平行，在纵向测量线上标记两处并连接为直线。

↑复杂画线

画复杂的曲线时，可用曲线尺预先勾勒出造型，根据曲线尺的轮廓画线。

3.纵横衔接画线标记

板材纵横向衔接处画线要求精度很高，要根据板材的厚度来定位，画线后的钻孔可以为钻头提供准确的起始点，或使用电钻为铁钉或螺钉打孔。

↑标记

目测木板厚度，在正中央处做记号，确定钻孔的深度。

↑画线

画线要保持与板材长边垂直。

↑钻孔

在线上钻孔，注意钻孔垂直，轴心不要偏离。

六、敲击工具

　　木工锤主要有金属锤、木槌、橡胶锤、无弹力锤四种。其中，金属锤用于敲击金属件；木槌用于敲击凿子；橡胶锤用于安装榫接，且不会留下印记；无弹力锤可以说是橡胶锤的升级版，使用起来更安全。

↑金属锤

↑木槌

↑橡胶锤

↑无弹力锤

金属锤的破坏性太大，使用时需要垫一块废木板来避免锤子对木材表面产生伤害；羊角金属锤的一端用来拔钉子，另一端用来敲钉子。

木槌采用密度高、耐冲击的木材制作，如核桃木，能传递强大的冲击力，并给凿柄带来最小的损害。

橡胶锤敲击时弹力大，导致锤头反弹较高。

无弹力锤耐敲击、耐磨损，且防滑，敲击不反弹，使用握感更佳。

七、夹具

　　夹子可以将板材挤合在一起，如果来自夹子的压力方向存在偏差，接合件的组装可能会出现滑移。将尺寸大小合适的垫块垫在木料与夹具之间，既能分散来自夹具的压力，又能保护木料，避免夹具在木料上留下压痕。

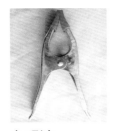    

↑A形夹

↑F形夹

↑C形夹

↑拼板夹

↑直角夹

A形夹可单手操作，用于小接合面或做小件修补工作。

F形夹用来临时固定工件，夹紧弯曲的薄板，组装椅子或小的物件，上胶后保持木材的位置并施加压力以及其他工作。

C形夹使用时，将木料放在上下两根配有手柄的螺杆上，并旋松上面的螺杆，拧紧下面的螺杆；可以自由调节所要夹持的范围，夹持力量大，用于夹持各种形状的工件、模块等。

拼板夹主要用于拼板，能将多块板材横向拼接在一起，用白乳胶粘贴固定，保持形态固定。

直角夹能起简单的固定作用，用于固定直角构造的边角小件。

 木工小贴士——正确夹紧夹具

　　如果没有足够的夹子或使用的木料很薄时，夹具施加的压力不能均匀地分布给木料，可能导致木料的边缘起翘和变形。夹具与木料表面平行夹紧，这样压力才能垂直于受力面，不会使组件出现变形或滑动偏离正确位置。

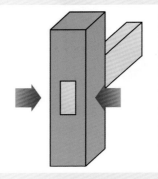 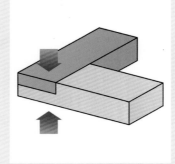 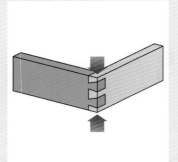

（a）夹紧榫头部位　　　　　　（b）夹紧搭接部位　　　　　　（c）夹紧燕尾榫部位

↑夹具夹紧方向示意图

（a）夹紧榫头与榫眼接触部位左右两侧。
（b）夹紧榫头搭接部位上下两侧。
（c）夹紧榫头交叉部位上下两侧。

八、刮刀

　　刮刀采用高碳钢材料制作，主要用途是在磨光和上漆之前修整木材表面轮廓。

1.刮刀的种类

　　若刮刀片太薄，在使用过程中其温度会迅速上升，并烫伤手指。若刮刀片太厚，会缺少应有的弹性，不方便刮削。

↑中式刮刀

中式刮刀为硬度适中、薄而平整的硬铁，边缘被打磨成钩状卷边，使用时双手握着，用大拇指抵住中间，与木面呈一定斜度向前推。

↑欧式刮刀

欧式刮刀中有刮刀片，应沿着底板进行切割。

2.研磨刮刀片

刮刀片要保持锋利，多采用研磨棒来打磨刮刀片。

↑砂纸打磨

采用1000$^\#$砂纸打磨刮刀片，抹掉表面污垢与锈渍。

↑磨刀石水平打磨

采用2000$^\#$磨刀石水平打磨刮刀片，打磨时要握住刮刀，打磨出锋利的刀口。

↑磨刀石垂直打磨

采用4000$^\#$磨刀石垂直打磨刮刀片，让刀口平直。

↑检查刮刀片

检查刮刀片是否锋利，用手指感受锋利状态，横向轻刮手指感受阻力，注意安全，避免刮破手指。

↑削切钩状卷边

用美工刀片刮除刮刀片表面的毛边或卷曲。

↑固定打磨

将刮刀片固定，用2000$^\#$砂纸来回打磨刮刀片的刀刃，对凸凹不平的刀刃形态进行修整。

 木工小贴士——工件表面的处理方法

（1）刨削。刨子锋利的刀片会将木材表面刨削得非常干净。

（2）刮削。刮刀会刮出精细的刨花，甚至逆着纹理刮时也是如此。

（3）打磨。采用砂纸进行打磨时，砂纸根据颗粒度分成不同的规格型号（用上角"$\#$"表示）：120$^\#$以下属于粗磨；150$^\#$~180$^\#$属于中磨；240$^\#$~320$^\#$属于较细；360$^\#$以上就属于极细了。

↑刨削

使用刮刀片刨削时，握住刮刀片两端，将拇指抵在刮刀片中间使其自然弯曲。

↑刮削

垂直推动刮刀片，刮刀的钩边应能刮到木材。

↑打磨

采用砂纸打磨要由粗到细逐层打磨，先用120$^\#$砂纸，再用360$^\#$砂纸，形成细腻的表面质感。

九、钉枪

正确选用钉枪型号和枪钉规格，以免发生卡钉，造成工具损坏。

↑射钉枪

射钉枪是木工、建筑施工等必备的手动工具。它是利用空包弹产生的燃气或压缩空气作为动力，将射钉射入的紧固工具。

↑码钉枪

码钉枪形状与订书机类似，用来做平面连接，如木工沙发椅布料或与皮革装嵌等。

↑气动射钉枪

气动射钉枪和空压机相连，利用压缩空气将固定弹夹或钉槽内的钉子从枪口喷射出，射入需要连接的物体中起到固定的作用，主要用于木材与木材、木材与墙壁的连接构造中。

第二节　手持电动工具

手持电动工具种类很多，如电锤、电钻、电锯、电木铣、电动螺丝刀、电动打钉枪、角磨机、修边机等这些都属于这类工具。

一、电锤与电钻

电锤既有钻的旋转力，又有锤的冲击力，一般用于钻坚固的墙洞；作业效率高，孔径大，钻进深度长。通常多功能电锤调节到适当位置并配上合适的钻头，可以代替普通电钻或电镐使用。

↑电锤

电锤最大钻孔能力为 ϕ28mm，主要用于装修等场合。电锤冲击效率很高，多用于凿地面、凿坑等基础施工。由于外形较大，因此不能最大限度地贴着墙壁钻孔。

↑电钻

电钻采用电作为动力，使钻头在金属、木材等材料上刮削成孔洞。电钻能让木工工作变得更加方便、省力。

1.电钻钻头

电钻钻头形态多样，具有多种使用功能。在木材上钻孔时，应当选用合适的木工钻头。木工钻头切削量大，对硬度要求不高，材料为高速钢。

↑三尖钻

三尖钻用于木料钻孔、螺钉孔、榫头孔等。全套三尖钻的规格为$\phi3\sim\phi10mm$，价格便宜，定位精准。

↑麻花钻

麻花钻能在木头、金属、塑料等材质上钻孔，适用性广、规格丰富，但是很难准确定位，且容易跑偏。

↑开孔器

开孔器能钻出十分干净且底部平整的大孔。

2.使用电动钻头钻孔

使用电动钻头进行木工钻孔作业是很容易的，要配合使用木工钻头；同时，对钻头硬度要求也不高。

（1）电钻

↑垫板

利用不要的废弃木板，将其垫在需要钻孔的木材下方，固定牢固。

↑定位

将电钻刀刃前端对准打孔处，再由上向下慢慢钻，保持切口平整。

↑钻孔

将留在刀刃出口处的碎片清理干净。

（2）电钻＋凿子

↑画线

画出孔的面积，并画出符合钻头规格的轮廓。

↑钻孔

沿画线轮廓依次钻出洞孔。

↑修凿

沿画线轮廓线框，用凿子凿出边缘轮廓，并修整好洞孔。

↑成型

用砂纸将洞孔内侧打磨完成。

（3）电钻＋电动曲线机

↑定位

画线定位，确定钻孔轮廓。

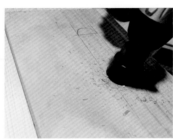

↑钻孔

使用对应规格的钻头钻孔。

↑平直切割

连接两个洞孔的上下端点，用曲线锯切割两个孔洞之间的切线。

↑旋转切割

使用曲线锯沿轮廓线环绕切割，切掉中间多余的木料。

↑打磨

采用120#砂纸将切口处打磨平滑。

↑完成

完成后注意检查，根据情况继续采用300#砂纸打磨修整。

二、电锯

使用手持电锯前应根据加工要求，选取大小、宽窄不同的锯片。如果在锯割薄板过程中，工件出现较大振动或反跳现象，则表明选用锯片的齿距太大，应更换较细的齿锯片。

↑电圆锯

电圆锯用于各种木板材料快速且精确的锯切，能进行垂直和多角度切割；切割精度高、速度快、功率大，但噪声大、木屑较多，使用比较危险，用于木料初步裁切等。

↑马刀锯

马刀锯重量轻，可以锯割木材、塑料、金属、一般建材，能锯割出极平整的锯口，且不会有残片突出在工作表面。

↑曲线锯

曲线锯在金属、木材、塑料、皮革、纸板等材料上能切割出直线或复杂形状，切割快速。

三、电木铣

电木铣通过电机高速运转来带动铣刀，可以加工出深浅不一和不同形状的图案。电木铣在手持电动工具里面使用难度较大，能实现仿形、切割、开槽、修边、修平、挖榫卯等诸多功能。在普通木工制作工艺中，多采用小功率电木铣，操作噪声小，使用方便、安全。

↑电木铣

电木铣外形体积小，能在狭小空间内代替一体式电木铣。其主要由底座总成和电机总成组成，电机可以在底座里上下滑动、旋转，实现不同的切高需求。

↑木铣铣刀

铣刀是电木铣的核心，铣刀的柄越粗，就越不易在使用中晃动。铣刀刀头是由高速钢或硬质合金制作的。硬质合金较贵，但耐久性更好。铣刀的刀头品种多样，用于修边、修平和制作凹槽。

（a）侧槽刀

（b）T形刀

（c）直刀

（d）圆底刀与尖底刀

（d）方齿榫刀

←↑常用刀头与切割结构

铣刀刀头形式多样，可以根据需要来选购；每种造型的规格多样，适用于不同加工需求。

四、电动螺丝刀

电动螺丝刀又称为电动起子，是木工用于拧紧或旋松螺钉的主要电动工具，采用低压直流供电，有调节扭矩和正反转向等功能，操作方便且安全，能极大提高木工工作效率。电动螺丝刀可代替手动螺丝刀。其使用时，螺钉旋转到位后应立即停止转动，防止损坏螺钉或周边部件。

小扭力螺丝刀用于精密元件组装，中扭力螺丝刀用于拆装中等螺钉，而大扭力螺丝刀则主要用于安装、拆卸大型螺钉。具体可根据实际使用需求来选择。

↑电动螺丝刀

电动螺丝刀轻巧方便，启动快，扭力强劲且可调节，可确保连续作业，效率高；内置充电电池，充电后可直接在没有电源的情况下使用。

↑批头

批头按不同的头形状可分为一字、十字、米字、六角头、花形、方头、Y形头等，其中十字最常用到。

五、电动打钉枪

气动钉枪的气泵携带不方便，电动打钉枪携带方便、噪声小，但效率很低、力量不足，且连发受一定限制，不能长时间连续使用。

←电动打钉枪

使用电动打钉枪时，需要手用力地顶在木材上，否则钉子不能完全进入木材内。发射后，钉枪的反作用力到了手上，手的力量又会将钉枪推到木材方向，容易形成一个枪头砸在木材的坑。因此，要注意控制好力度。

六、角磨机

角磨机又称为研磨机或盘磨机，主要用于切割、研磨金属、石材、木材等。作为木工工具，它可以让板材的曲线更平滑，打造出形状和圆角等。

角磨机启动后，为避免磨片撞击而出现明显颤动或异常，必须立刻停机检查，排除故障后方能继续操作。

←角磨机

小型角磨机质轻，操作方便，能够满足新手对角磨机操作的各种要求。大型角磨机功率强劲，适用于难度较大的打磨和切割操作。

磨片是角磨机的配套耗材，品种繁多。切割片不可用来打磨，打磨片也不可用于切割。启用新砂轮片时，必须空转1min进行测试，如运行良好后再进行实际操作。

↑砂轮片

砂轮片可对金属或非金属工件进行切割或磨削，通常薄砂轮片以切割为主，厚砂轮片以磨削为主。

↑切割片

切割片只用于切割，并且大部分都是平行的，厚度相对较薄。

↑打磨片

打磨片只用于单一的打磨，主要有千叶轮打磨片、角向打磨片等。

 木工小贴士——角磨机作业中的错误示范

↑勿让旁观者靠近

打磨过程中，容易发生火花、磨屑飞溅或砂轮片破碎现象，容易误伤他人。

↑严禁脚踩打磨

由于砂轮片破碎、被磨工件飞出等，容易导致操作者本人受伤。

↑严禁手持工件打磨

操作者单手持工件进行打磨作业，容易造成角磨机或材料、工具脱手，误伤他人或自己受伤。

七、电刨机

电刨机是由单相电动机经传动带驱动刨刀进行木工刨削的手持电动工具，具有生产效率高、刨削表面平整、光滑等特点。电刨机由电动机、刀腔结构、刨削深度调节机构、手柄、开关和不可重接插头等组成。

↑电刨机

电刨机使用方便，刨削深度调节机构由调节手柄、防松弹簧、前底板等组成；拧动调节手柄，可使前底板上、下移动，从而调节刨削深度。

↑刨片

刨片的规格可根据电刨机来选购，多采用高速钢，属于耗材，经过80h使用后需要更换。

八、修边机

木工修边机可以根据铣刀刀头的形状对各种木工件边棱或接口处进行整平、斜面加工或图形切割、开槽等，也可用于木材抛光。木工通常用的是手持式修边机，小巧、灵活，且具有带滚珠轴承结构的刀具，可调节深度。

1.配件组装

（1）铣刀安装

↑打开底座	↑打开夹头和螺母	↑安装铣刀	↑紧固旋钮
旋松导套旋钮，取出整体透明底座。	利用套筒、钳子或扳手旋松夹头和螺母。	将铣刀穿过螺帽，用手旋紧螺帽，确保铣刀固定不松动后再用工具紧固。	套上透明底座，旋紧紧固旋钮。

（2）导套安装　导套主要起固定及仿形的作用，在仿形、修边、使用模板等场景时使用。

 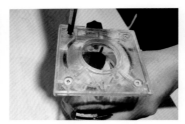 

↑备好螺钉与导套	↑安装导套	↑检查完成
备好透明底座四个角上的螺钉与导套，取下透明罩。	将导套放入中间区域，装上透明罩，拧紧螺钉。	调整平整度完成。

（3）靠山架安装　靠山架可以更加有效地辅助切削直线、导角或开槽，而靠山架上的圆心定孔则可以很方便地进行铣圆操作。

↑准备支架	↑安装支架	↑安装靠山	↑贴齐测试
旋松透明底座上的紧固旋钮，准备好支架。	将支架固定安装到导套上，并固定螺钉。	将靠山固定安装到支架上，并固定螺钉。	贴齐桌面或板材边缘测试平直度。

2.铣削、修边操作

在操作前，根据木板的加工深度来调节透明底座的高低，根据加工尺寸来确定靠山的距离。

↑握紧贴齐

手握稳修边机，以维持机器的稳定与平衡。

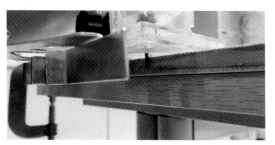

↑压入铣刀

打开修边机开关。当达到正常转速后，将铣刀垂直压入材料中或边缘，握稳防止回弹；完成铣削后，垂直提起修边机，使铣刀快速离开。

第三节　台式电动工具

制作家具最基本的台式电动工具主要有木工桌与支撑件、台锯、带锯、压刨等。

一、木工桌与支撑件

木工桌的桌面应平整、坚固且经得起敲击，整体足够稳固，保证不会摇晃。一般配有正面台钳、侧面台钳、放工具的抽屉等。如果要在木工桌上钻孔或凿一块板材时，应在下面放上一块废弃木板以保护桌面。如果要在木工桌上做"胶水"粘接或上漆时，应在桌面上铺一层纸、塑料或纤维板等保护物，以防"胶水"或涂料弄脏桌面。

工具槽

正面台钳

抽屉

工具安装孔

侧面台钳

←木工桌构造示意图

工具槽用于放置常用工具，正面台钳安装在木工桌正面，可将木板夹住，使其牢牢抵在木工桌的边缘。侧面台钳安装在木工桌侧面，可将木板平整地固定在侧面台钳上的限位木块和桌面上的限位木块之间。抽屉用于放置小件工具。工具安装孔可以配合夹具，固定木工材料构件。

二、台锯

　　台锯是一种多功能工具，可以用来对木材进行各方向直切、横切或斜切，也能用来切割槽和多种不同类型的接合部件，如等缺榫、榫头、开口贯通榫、榫舌或榫槽等。

　　台锯配上辅助台面和直切靠山，机器性能得到很大提升。选购台锯时应考虑多方面因素，包括机器的电压、功率、台面大小、锯片直径等。

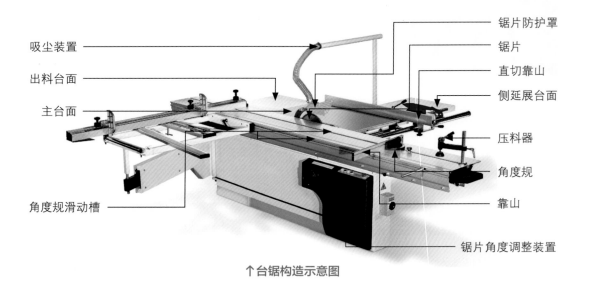

吸尘装置
出料台面
主台面
角度规滑动槽

锯片防护罩
锯片
直切靠山
侧延展台面
压料器
角度规
靠山
锯片角度调整装置

↑台锯构造示意图

↑直切靠山

当沿着木板的长度方向切割时，会用到直切靠山；直切靠山应坚固且易于调节和移动，靠山的两个面应与台面完全垂直，与锯片保持平行。

↑角度规

角度规在滑动槽内前后滑动，能设置任意角度（0°～45°）进行切割，能增加精确度，便于操控；角度规只能在滑动槽内滑动，而滑动台板却能"骑跨"在两个滑动槽内。

↑锯片

台锯的主要切割配件为锯片，锯片中心的孔用于固定的螺栓不能过于拧紧，硬质合金锯片要比钢质锯片好。

三、带锯

　　带锯比台锯操作更安全，但是在木工制作后期，要做直的、方正的切割时，台锯更合适。带锯能将硬木桩锯割成厚板，带锯台面还可以倾斜，倾斜角度甚至超过45°，因此它也可以做角度切割。

带锯条是带锯的主要配件。带锯条越窄，越适合切割弯曲的曲线；带锯条越宽，越适合切割直线或解锯大块的木板。齿数越少，越强劲，适合切割厚板材；齿数越多，切割速度越慢，切出的表面也越光滑；同时，锯齿过密易造成带锯条断裂、锯齿弯曲或磨损过快。

↑带锯

带锯使用时不必用靠山或角度规，只需徒手操作即可。但是在切割过程中，锯片容易偏移，从而导致锯出的木板太薄或太厚，可以设置靠山来规范偏移角度。

↑带锯条

带锯条的齿距一致，切屑处理能力非常强；前角带有3°～10°的角度，比较强劲，切口相对较宽，更适合切割硬木。

四、压刨

压刨能将木材表面进行一次或多次刨切，使木材表面具有光洁的平面和厚度。

←压刨机

压刨的厚度设置是通过抬升或降低台面来实现的，切割头能整体向上或向下移动，可以调整进料速度，尤其是慢速适用于可能开裂的木材。加工一块节疤较多的木材时，不必理会纹理的方向；在进行前刨削时，双面轮流翻转，经过多次刨削后能将其刨平。当木材有反翘变形时，要将凸面朝上。凹面朝下刨削时，用手压刨台面进料，最终就能刨直。如果必须选择凸面刨削时，应当先从中间刨削几次，让中间凹陷，就能刨直板材。

第四章

家具制作步骤：
以真实案例手把手教会木工家具制作

章节导读：

本章节介绍杂物架、书架、床头柜、书桌这四种不同类型家具的详细制作方法，利用手边的材料与工具，选择适合的风格、造型、款式，设计并制作出简单、实用、美观的木工家具。

↑手工制作的书架与书桌

手工制作家具最大的亮点在于我们可以根据自己的需求和喜好来设计家具样式。板材的纹路千变万化，永远不知道完工后的成品会给自己带来怎样的惊喜，这是购买成品家具无法比拟的。

第一节	杂物架

◎ 操作难度：★ ☆ ☆ ☆ ☆

◎ 主要材料：15mm厚杉木板。

◎ 辅助材料：M4×25螺钉（即表示公称直径为4mm的自攻螺钉，长度为25mm；以下类推）、M4×35螺钉、水性木器漆、脚垫件。

◎ 机械工具：台锯、修边机、手电钻。

◎ 简要步骤：设计图纸→板材放样→裁切下料→钻孔→拼接→组装。

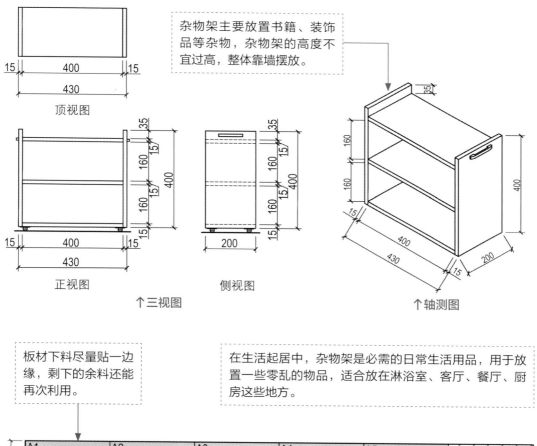

杂物架主要放置书籍、装饰品等杂物，杂物架的高度不宜过高，整体靠墙摆放。

顶视图

正视图　　　　侧视图

↑ 三视图　　　　　　　↑ 轴测图

板材下料尽量贴一边缘，剩下的余料还能再次利用。

在生活起居中，杂物架是必需的日常生活用品，用于放置一些零乱的物品，适合放在淋浴室、客厅、餐厅、厨房这些地方。

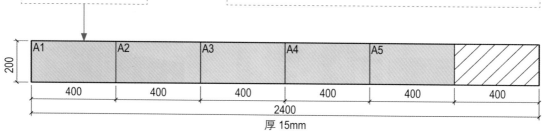

↑ 下料图

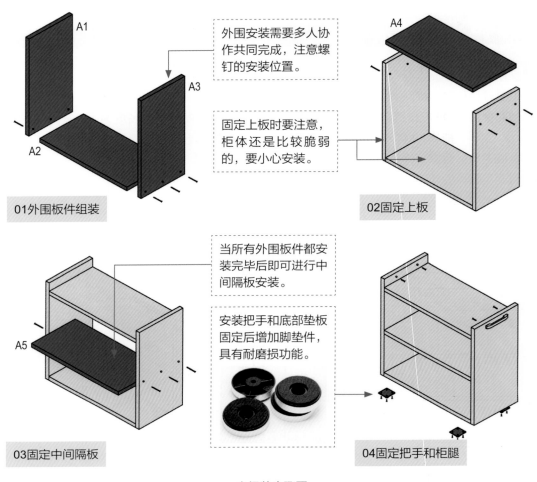

01外围板件组装

> 外围安装需要多人协作共同完成，注意螺钉的安装位置。

> 固定上板时要注意，柜体还是比较脆弱的，要小心安装。

02固定上板

> 当所有外围板件都安装完毕后即可进行中间隔板安装。

> 安装把手和底部垫板固定后增加脚垫件，具有耐磨损功能。

03固定中间隔板

04固定把手和柜腿

↑组装步骤图

↑成品图

第二节　书架

◎ 操作难度：★★★☆☆

◎ 主要材料：15mm厚杉木板。

◎ 辅助材料：M4×25螺钉、M4×35螺钉、白乳胶、水性木器漆、脚垫件、抽屉滑轨。

◎ 机械工具：台锯、修边机、手电钻。

◎ 简要步骤：设计图纸→板材放样→裁切下料→钻孔→拼接→组装。

树形落地式书架风格简易，适用于各类室内装饰风格。此外，它还是一款多功能的书架，放置杂物也是不错的选择，具有一定的收纳功能。

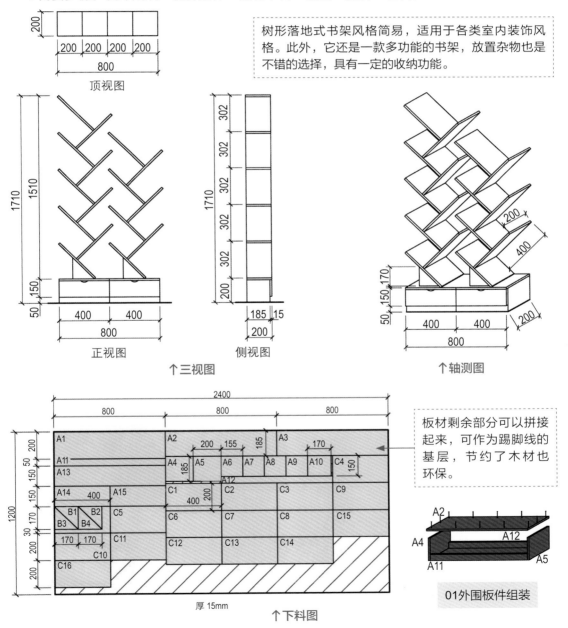

↑三视图

↑轴测图

板材剩余部分可以拼接起来，可作为踢脚线的基层，节约了木材也环保。

↑下料图

01外围板件组装

69

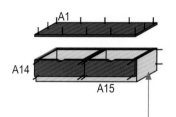

02固定上板和抽屉

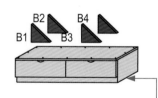

03固定三角架

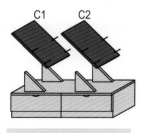

04三角架与板的固定

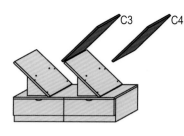

05板架之间的安装

当外围板件组装完毕之后，在组装上板时要控制好外围板的位置；安装抽屉的时候，抽屉表面侧板增加压条，采用白乳胶粘贴，具有防尘功能。

在落地书架的最下面安装四个三角形的固定架，可以稳固整体书架，让整个书架更加结实。

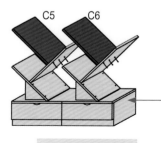

06逐一向上固定

在不断向上的过程中要注意底部是否固定稳固。

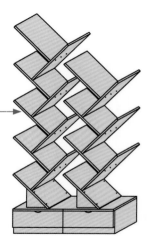

落地书架的好处在于有独特的装饰效果，让室内小角落充满生机和活力，让人更有兴趣读书。

07安装完成图

←↑组装步骤图

↑成品图

第三节　床头柜

◎ 操作难度：★ ☆ ☆ ☆ ☆

◎ 主要材料：15mm厚杉木板。

◎ 辅助材料：M4×25螺钉、M4×35螺钉、白乳胶、水性木器漆、脚垫件、抽屉滑轨。

◎ 机械工具：台锯、修边机、手电钻。

◎ 简要步骤：设计图纸→板材放样→裁切下料→钻孔→拼接→组装。

> 这种板式拼接组合的床头柜结构简单，储物功能多样，用料节约，可以根据功能需要来设定尺寸，可大可小，根据床与墙之间的空间定制。

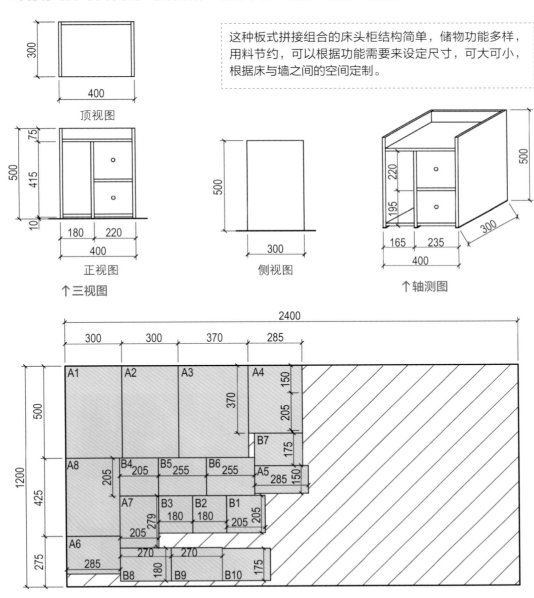

↑ 三视图

↑ 轴测图

↑ 下料图

厚 15mm

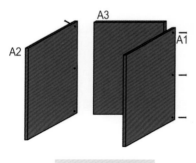

01外围板件组装

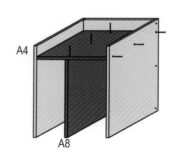

02固定隔板和上板

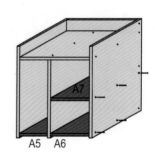

03固定底板

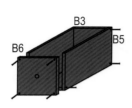

04组装抽屉

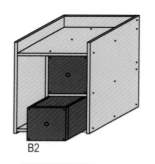

05安装抽屉

06检查固定

↑组装步骤图

床头柜高度略高于床为佳。如此摆放有助于提高睡眠质量。

床头柜能收纳一些日常用品，还能放置床头灯。储藏于床头柜中的物品，大多为使用频率高的物品，摆放在床头柜上能为卧室增添温馨气氛，如照片、小幅画等。

↑成品图

第四节　书桌

◎操作难度：★ ★ ★ ☆ ☆

◎主要材料：15mm厚杉木板、50mm×40mm杉木龙骨。

◎辅助材料：M4×25螺钉、M4×35螺钉、白乳胶、水性木器漆、抽屉滑轨。

◎机械工具：台锯、修边机、手电钻、角磨机。

◎简要步骤：设计图纸→板材放样→裁切下料→钻孔→修边→拼接→组装。

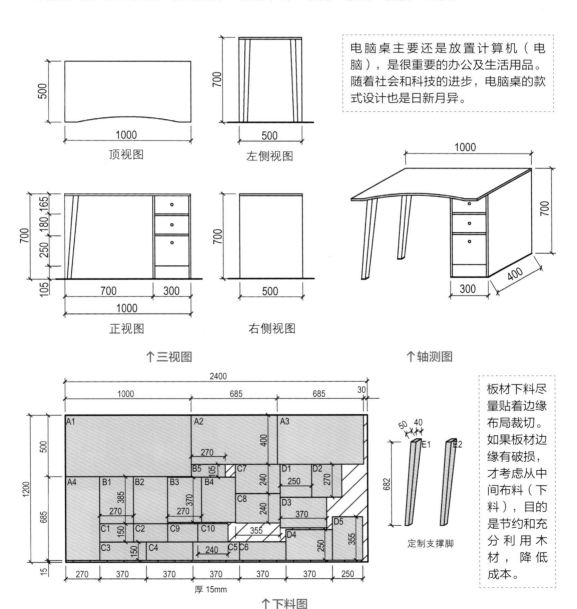

电脑桌主要还是放置计算机（电脑），是很重要的办公及生活用品。随着社会和科技的进步，电脑桌的款式设计也是日新月异。

顶视图

左侧视图

正视图

右侧视图

↑三视图

↑轴测图

定制支撑脚

↑下料图

厚15mm

板材下料尽量贴着边缘布局裁切。如果板材边缘有破损，才考虑从中间布料（下料），目的是节约和充分利用木材，降低成本。

01外围板件组装　　　02固定桌腿　　　03安装抽屉底部

外围板件组装需要多人协作，共同完成主体的安装，在固定桌腿时要注意与主体的高度一致。

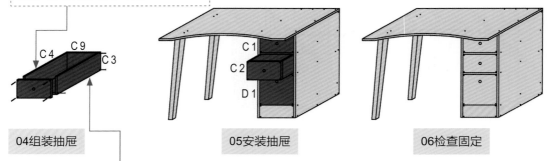

04组装抽屉　　　05安装抽屉　　　06检查固定

↑组装步骤图

在安装之前，确定抽屉的长度和深度，滑轨安装好后，按顺序组装抽屉板。

电脑在使用时，需要使用者始终近距离操作，所以对电脑摆放的高度、键盘鼠标的位置都有特定要求。

↑成品图

第五章

木工家具案例：
必有几款适合您

章节导读：

本章节列出符合我国国情的近70款木工家具，详细介绍木工创意、造型变化、开料组装等一系列内容，并且将这些家具的制作工艺以步骤拼装的形式表现出来；同时，在图解过程中指出家具的制作细节与设计要点，方便我们对照本章内容，轻松制作个性化定制家具，在木工制作过程中体验生活的乐趣。

↑木质家具组合

成品家具需要多个步骤才能完美呈现。从原木到成品，家具需要经过测量画线、板材切割、打磨、上蜡、组装等多道工序，每一道工序里又有若干讲究的制作工艺，耗费相当长的时间，可谓"千锤百炼"。

第一节　低柜类家具

　　低柜类家具是指高度≤600mm的储物类家具。这类家具在生活、工作中主要起到辅助储藏的作用，能存放常用的小件物品，收纳、获取时十分方便，一般摆放在室内通行区旁。

　　低柜类家具体量小，多存放轻质物品，对承重没有太多要求，因此可以根据需要随时加工制作。一般采用10～15mm厚板材，如实木板、中密度纤维板即可。由于其体积较小，多采用螺钉与胶黏剂连接，偶尔辅助少量角码与直枪钉即可。

一、沙发边柜

◎操作难度：★★☆☆☆
◎主要材料：15mm厚杉木板。
◎辅助材料：M4×25螺钉、M4×35螺钉、白乳胶、水性木器漆、脚垫件。
◎机械工具：台锯、修边机、手电钻。
◎简要步骤：设计图纸→板材放样→裁切下料→钻孔→修边→拼接→组装。

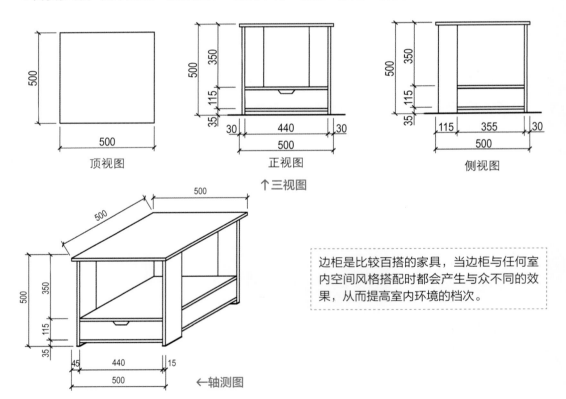

顶视图　　　　正视图　　　　侧视图

↑三视图

←轴测图

　　边柜是比较百搭的家具，当边柜与任何室内空间风格搭配时都会产生与众不同的效果，从而提高室内环境的档次。

　　沙发旁或客厅角落总有一些空余空间，这种柜子可以适当增加收纳空间，解决家中杂物较多的烦恼，而且具有很强的观赏性。

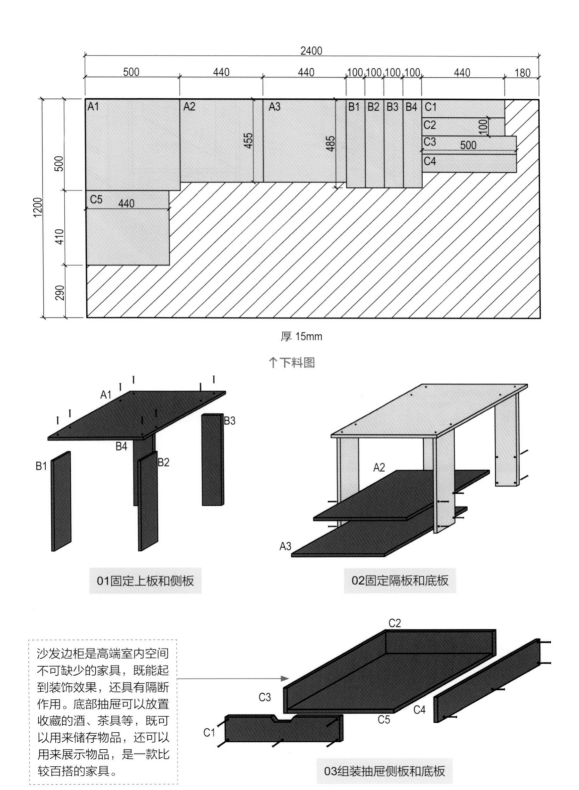

厚 15mm

↑下料图

01固定上板和侧板

02固定隔板和底板

沙发边柜是高端室内空间不可缺少的家具，既能起到装饰效果，还具有隔断作用。底部抽屉可以放置收藏的酒、茶具等，既可以用来储存物品，还可以用来展示物品，是一款比较百搭的家具。

03组装抽屉侧板和底板

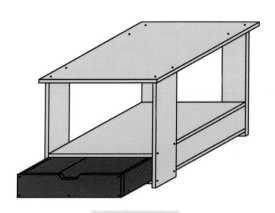

04安装上抽屉

05安装完毕

↑组装步骤图

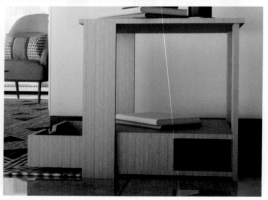

↑成品图

沙发边柜不仅具有储存功能、隔断功能，更有一定的装饰作用，是一种多功能家具，而且在日常生活中比较常见，可提高人们的生活品质。

二、客厅边柜

◎ **操作难度：** ★ ★ ★ ☆ ☆
◎ **主要材料：** 15mm厚杉木板。
◎ **辅助材料：** M4×25螺钉、M4×35螺钉、白乳胶、水性木器漆、脚垫件。
◎ **机械工具：** 台锯、修边机、手电钻。
◎ **简要步骤：** 设计图纸→板材放样→裁切下料→钻孔→修边→拼接→组装。

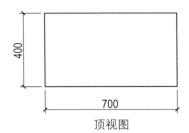

顶视图

现代室内设计越来越偏向采用开放式，如开放式厨房、开放式客厅、开放式阳台等，于是开放式的边柜也成为客厅新颖之处。客厅中的开放式边柜既不会遮挡室外阳光的照射，木质材料也能与室外的景色相呼应。

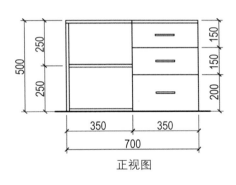

正视图

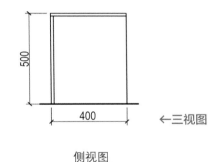

←三视图

侧视图

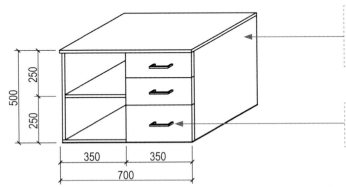

↑轴测图

抽屉和展柜相结合能更好地发挥边柜的作用，使其实用性和美观性一并得到提升。

抽屉拉手多采用金属外置拉手，能更加体现质感。

 木工小贴士

如果家里有小孩子，可以选择更圆滑的抽屉拉手，或带有儿童保护措施的拉手。

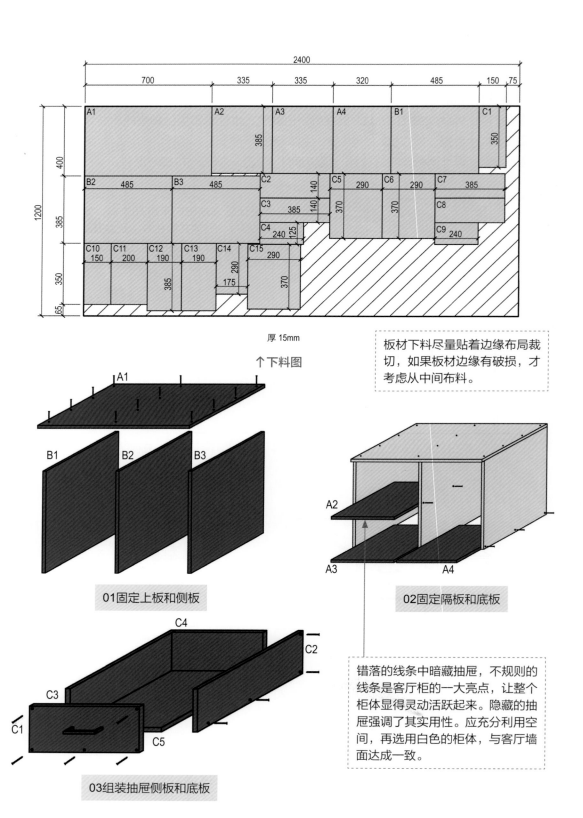

厚 15mm

↑下料图

板材下料尽量贴着边缘布局裁切，如果板材边缘有破损，才考虑从中间布料。

01固定上板和侧板

02固定隔板和底板

03组装抽屉侧板和底板

错落的线条中暗藏抽屉，不规则的线条是客厅柜的一大亮点，让整个柜体显得灵动活跃起来。隐藏的抽屉强调了其实用性。应充分利用空间，再选用白色的柜体，与客厅墙面达成一致。

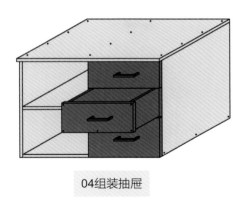

04组装抽屉

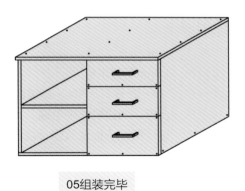

05组装完毕

↑组装步骤图

↑成品图

三、床头柜

◎ 操作难度：★ ★ ☆ ☆ ☆
◎ 主要材料：15mm厚杉木板。
◎ 辅助材料：M4×25螺钉、M4×35螺钉、白乳胶、水性木器漆、脚垫件。
◎ 机械工具：台锯、修边机、手电钻。
◎ 简要步骤：设计图纸→板材放样→裁切下料→钻孔→修边→拼接→组装。

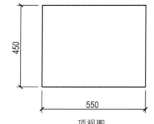

顶视图

对造型的选择直接影响家具的使用方式，承重要求不高的床头柜可以不采用金属滑轨与拉手，但是要考虑拉手造型的加工便捷性。选用15mm厚杉木板具有较强的亲和力，可根据板材纹理，对家具中各板件进行整齐分布。大多数板材为横向纹理，因此板件以横向布局为主。

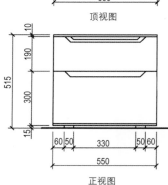

正视图

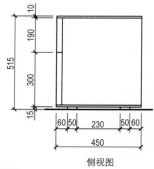

侧视图

↑三视图

木工小贴士

在选择抽屉拉手时，选择更圆滑的拉手，这样的设计不仅仅显得人性化，更是提高生活品质和质量的表现。

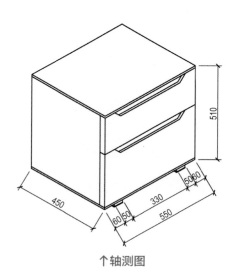

↑轴测图

如果床头柜与床垫顶端高度相似，则它的高度是比较合适的，为50mm。除了合适的高度，还要考虑置物面积，这是指开放在外，方便随时取拿物品的平台面积。

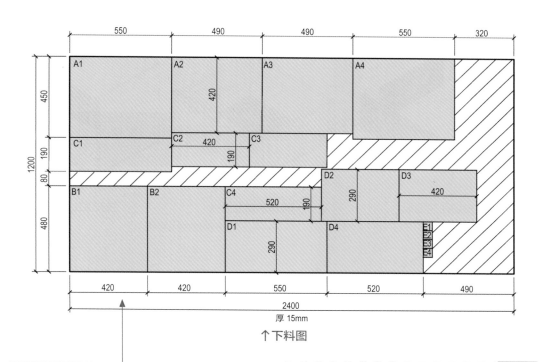

↑下料图

当板材规格比较多时，可以从板材边缘开始布料（下料）。从长边向中央布料时，板材下料尽量贴着边缘布局裁切。如果板材边缘有破损，才考虑从中间布料（下料）。

木工小贴士

不必担心剩余的板材会浪费，搜集起来可供以后制作其他家具使用，边长300mm以上的多余板块都可以再利用。

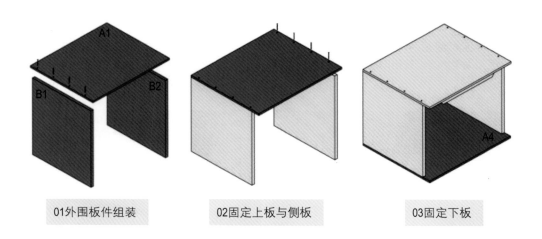

01外围板件组装　　　02固定上板与侧板　　　03固定下板

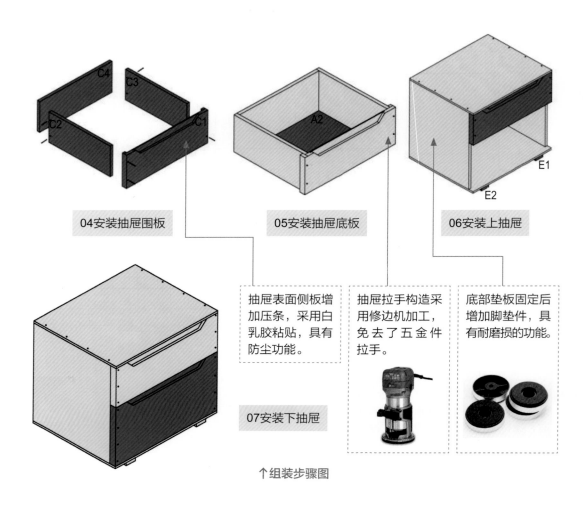

04安装抽屉围板

05安装抽屉底板

06安装上抽屉

抽屉表面侧板增加压条，采用白乳胶粘贴，具有防尘功能。

抽屉拉手构造采用修边机加工，免去了五金件拉手。

底部垫板固定后增加脚垫件，具有耐磨损的功能。

07安装下抽屉

↑组装步骤图

床头柜家具的造型来源于生活起居的功能需求，设计具体尺寸时可以通过测量生活中的真实家具，再根据需要来进行局部调整。欧式风格床头柜造型气派大方，其简洁与优雅体现得淋漓尽致。床头柜的底座采用直线设计，结合精美的边角处理，结构严谨，线条流畅。两个抽屉做工精细，造型简单大方，彰显时尚与简约。

↑成品图

四、墙角收纳柜

◎ 操作难度：★ ★ ☆ ☆ ☆

◎ 主要材料：15mm厚杉木板。

◎ 辅助材料：M4×25螺钉、M4×35螺钉、白乳胶、水性木器漆、脚垫件。

◎ 机械工具：台锯、修边机、手电钻。

◎ 简要步骤：设计图纸→板材放样→裁切下料→钻孔→修边→拼接→组装。

墙角收纳柜适合摆放在空闲的拐角处，能增加收纳空间。

选用的15mm厚杉木板具有较强的亲和力，根据板材纹理，将家具中各板件分布整齐。大多数板材为横向纹理，因此板件以横向布局为主。

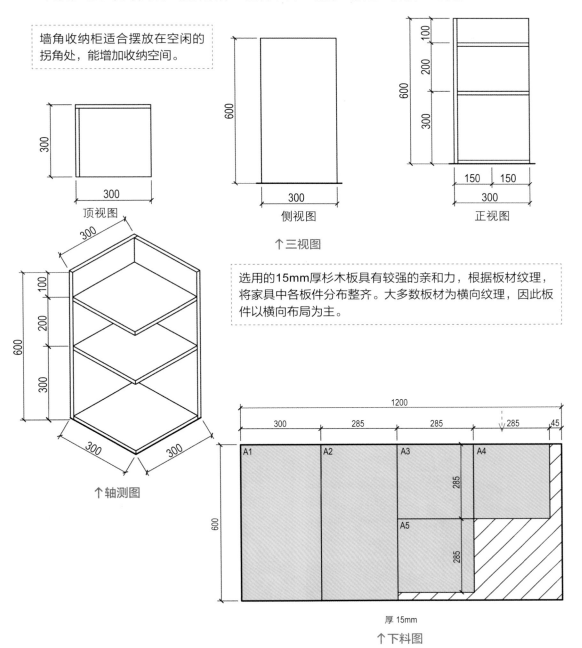

↑三视图

↑轴测图

厚 15mm

↑下料图

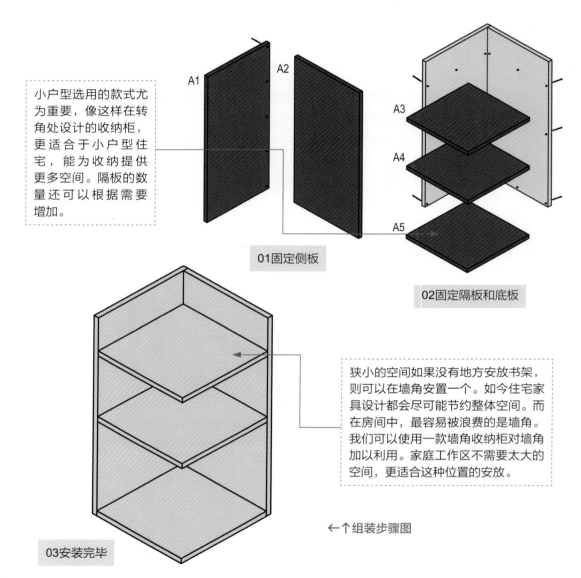

小户型选用的款式尤为重要，像这样在转角处设计的收纳柜，更适合于小户型住宅，能为收纳提供更多空间。隔板的数量还可以根据需要增加。

A1

A2

A3

A4

A5

01固定侧板

02固定隔板和底板

狭小的空间如果没有地方安放书架，则可以在墙角安置一个。如今住宅家具设计都会尽可能节约整体空间。而在房间中，最容易被浪费的是墙角。我们可以使用一款墙角收纳柜对墙角加以利用。家庭工作区不需要太大的空间，更适合这种位置的安放。

←↑组装步骤图

03安装完毕

↑成品图

五、小型茶几

◎ 操作难度：★ ★ ★ ☆ ☆
◎ 主要材料：15mm厚杉木板、杉木木方。
◎ 辅助材料：M4×25螺钉、M4×35螺钉、白乳胶、水性木器漆、脚垫件。
◎ 机械工具：台锯、修边机、手电钻。
◎ 简要步骤：设计图纸→板材放样→裁切下料→钻孔→修边→拼接→组装。

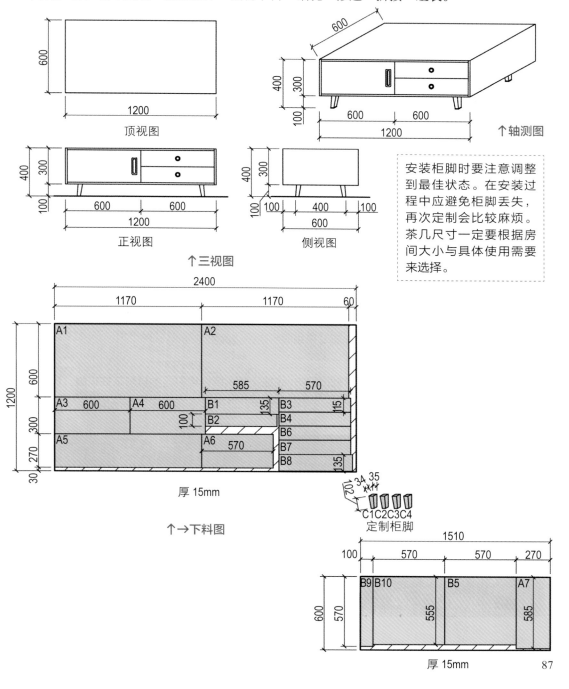

顶视图

↑轴测图

↑三视图

正视图

侧视图

安装柜脚时要注意调整到最佳状态。在安装过程中应避免柜脚丢失，再次定制会比较麻烦。茶几尺寸一定要根据房间大小与具体使用需要来选择。

↑→下料图

厚 15mm

定制柜脚
C1C2C3C4

厚 15mm

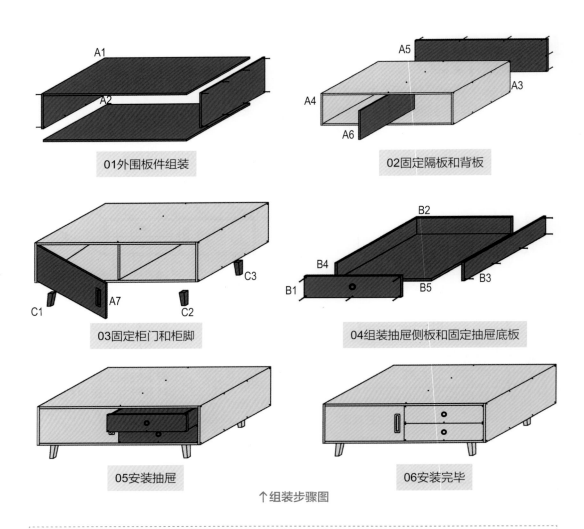

01外围板件组装

02固定隔板和背板

03固定柜门和柜脚

04组装抽屉侧板和固定抽屉底板

05安装抽屉

06安装完毕

↑组装步骤图

实木小型茶几具有木质光泽，无刺激性气味，纹理交错，结构均匀；木材耐久性极强，稳定性好，抗白腐菌及抗白蚁能力强，木质的小型茶几给人温和的感觉。

↑成品图

六、电视柜

◎操作难度：★ ★ ☆ ☆ ☆

◎主要材料：15mm厚杉木板、40mm×40mm杉木龙骨。

◎辅助材料：M4×25螺钉、M4×35螺钉、白乳胶、水性木器漆、脚垫件。

◎机械工具：台锯、修边机、手电钻。

◎简要步骤：设计图纸→板材放样→裁切下料→钻孔→修边→拼接→组装。

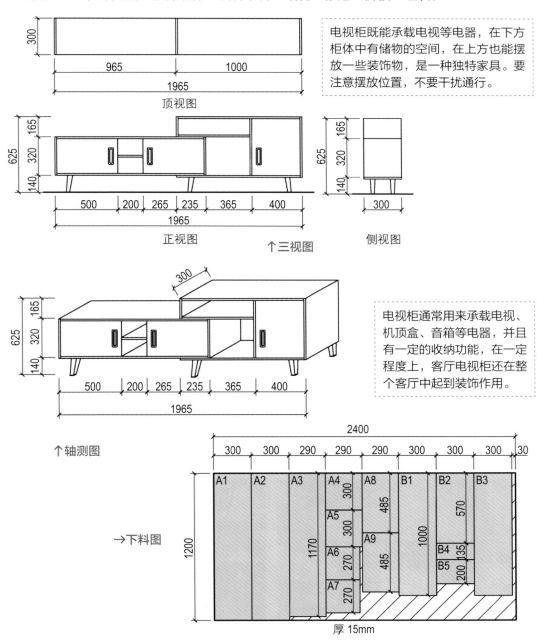

电视柜既能承载电视等电器，在下方柜体中有储物的空间，在上方也能摆放一些装饰物，是一种独特家具。要注意摆放位置，不要干扰通行。

电视柜通常用来承载电视、机顶盒、音箱等电器，并且有一定的收纳功能，在一定程度上，客厅电视柜还在整个客厅中起到装饰作用。

↑三视图

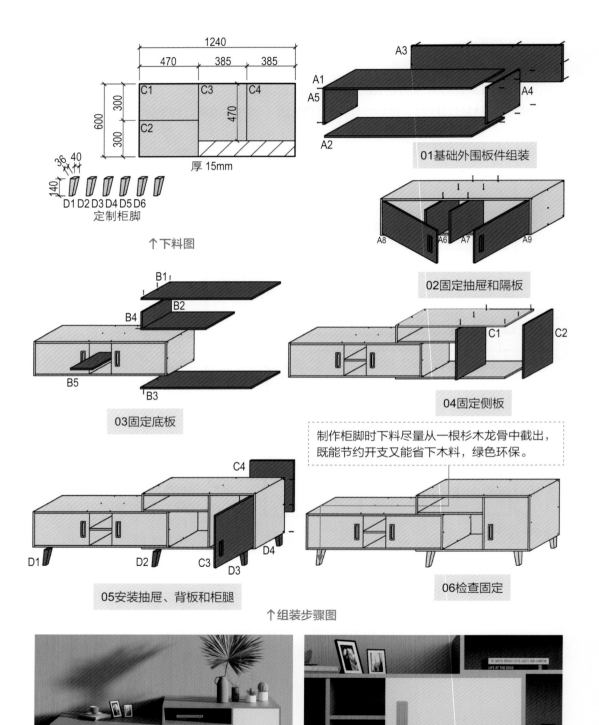

↑下料图

定制柜脚

D1 D2 D3 D4 D5 D6

厚 15mm

01基础外围板件组装

02固定抽屉和隔板

03固定底板

04固定侧板

制作柜脚时下料尽量从一根杉木龙骨中截出，既能节约开支又能省下木料，绿色环保。

05安装抽屉、背板和柜腿

06检查固定

↑组装步骤图

↑成品图

七、落地式储物柜

◎操作难度：★ ★ ☆ ☆ ☆

◎主要材料：15mm厚杉木板。

◎辅助材料：M4×25螺钉、M4×35螺钉、白乳胶、水性木器漆、脚垫件。

◎机械工具：台锯、修边机、手电钻。

◎简要步骤：设计图纸→板材放样→裁切下料→钻孔→修边→拼接→组装。

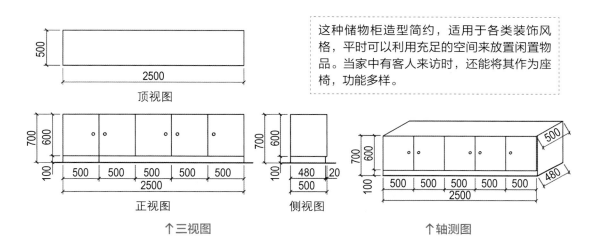

这种储物柜造型简约，适用于各类装饰风格，平时可以利用充足的空间来放置闲置物品。当家中有客人来访时，还能将其作为座椅，功能多样。

↑三视图　　　　　　　　　　　↑轴测图

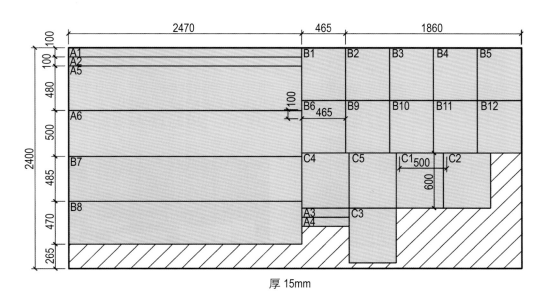

厚 15mm

↑下料图

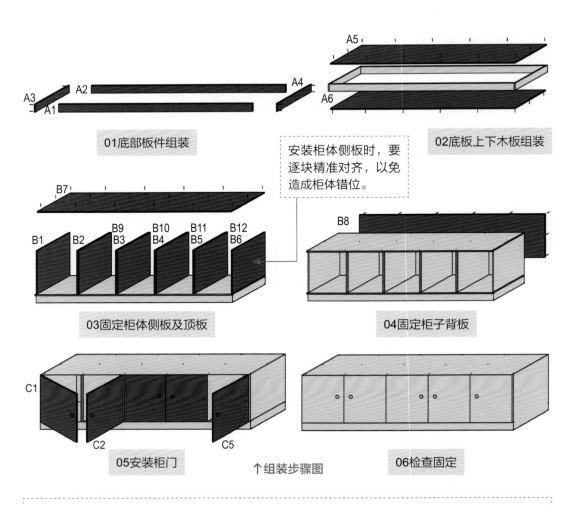

A5

A3　A2　A4

A1

A6

01底部板件组装

02底板上下木板组装

安装柜体侧板时，要
逐块精准对齐，以免
造成柜体错位。

B7

B1　B2　B9　B10　B11　B12
　　　B3　B4　B5　B6

B8

03固定柜体侧板及顶板

04固定柜子背板

C1

C2　　　　　C5

05安装柜门

↑组装步骤图

06检查固定

这款时尚简约的落地式储物柜，线条简约流畅，色彩选用白色和灰色的设计，设计功能强。在设计时尽可能简单美观，配合现代简约风格装修，能让家居风格看起来更加前卫。现代简约风格柜子可以使屋子看起来更加宽敞、通透，应尽可能不过多装饰，整体上以简单造型为主。

↑成品图

第二节 中柜类家具

通常中柜类家具高600～2000mm，柜子高于600mm时应当安装防倾倒固定装置，确保使用安全。购买时，还应检查实物是否配有防倾倒固定装置，如角铁等配件。

中柜类家具不像高柜类家具那么重，体积也没那么大，一般采用10～15mm厚板材，如实木板、杉木板等。由于体积较适中，多采用螺钉与胶黏剂连接，偶尔辅助少量角码与直枪钉即可。

一、中等储物柜

◎操作难度：★ ★ ★ ★ ☆
◎主要材料：15mm厚杉木板。
◎辅助材料：M4×25螺钉、M4×35螺钉、白乳胶、水性木器漆、脚垫件、抽屉滑轨。
◎机械工具：台锯、修边机、手电钻。
◎简要步骤：设计图纸→板材放样→裁切下料→钻孔→修边→拼接→组装。

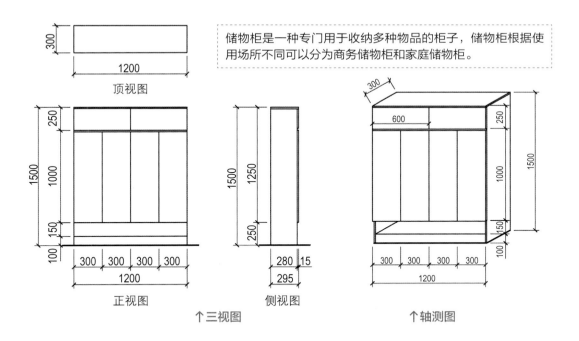

储物柜是一种专门用于收纳多种物品的柜子，储物柜根据使用场所不同可以分为商务储物柜和家庭储物柜。

↑三视图　　　　　↑轴测图

家用储物柜，主要方便人们分门别类储存物品。对于空间较小的家庭来说，更是必备物品，能够充分利用好空间来容纳较多的生活物品。家用储物柜主要有客厅储物柜、卧室储物柜、厨房储物柜、玄关储物柜等。木质家居收纳储物柜环保、天然，结构牢固，但是价格较高。

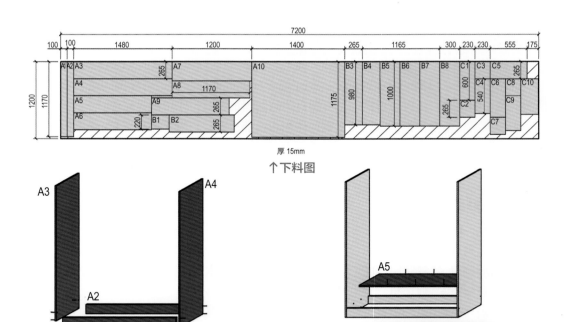

厚15mm

↑下料图

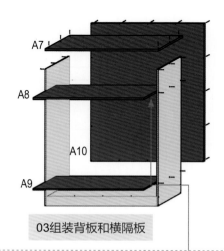

01固定外围板件

02固定底板和呈物面

> 外围板件安装需要多人协作共同完成，应注意螺钉安装位置。外围组件安装完成后，在固定底板时要注意底部安装是否牢靠，决定了柜体平稳与否。客厅必备的储物柜首先是电视柜，可以充分利用它存放物件，其次通过对墙面空间再利用，设计大小合理的壁柜。

03组装背板和横隔板

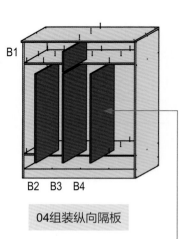

04组装纵向隔板

> 储物空间根据物品尺寸合理分割，常用物品放在中、低各层，取用频率较低的物品设于顶层。

> 安装柜子竖隔板时要注意螺钉的位置，否则之后柜门的安装会有问题。安装的时候要特别注意与墙体衔接的部位应紧密接触。

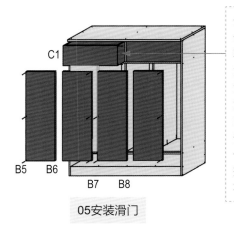

C1

B5　B6

B7　B8

05安装滑门

安装抽屉时，在滑道安装前，需要将内轨，也就是活动轨从滑道主体上拆下来，注意拆卸时不要损坏滑道。将分拆滑道中的外轨和中轨部分先安装在抽屉箱体的两侧，再将内轨安装在抽屉的侧板上，最后将抽屉装入箱体。

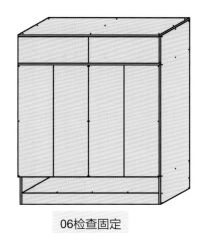

06检查固定

↑组装步骤图

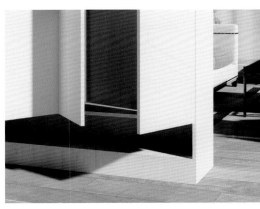

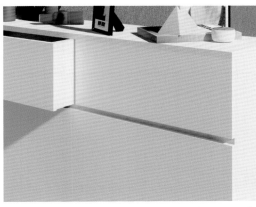

↑成品图

储物柜结构牢固，制作完成后，柜体内部可以铺装竹炭布，具有吸湿、抗菌的功效，能保证里面物品处于卫生环境。

二、多功能性陈列柜

◎操作难度：★★★★☆

◎主要材料：15mm厚杉木板。

◎辅助材料：M4×25螺钉、M4×35螺钉、白乳胶、水性木器漆、脚垫件、抽屉滑轨。

◎机械工具：台锯、修边机、手电钻。

◎简要步骤：设计图纸→板材放样→裁切下料→钻孔→修边→拼接→组装。

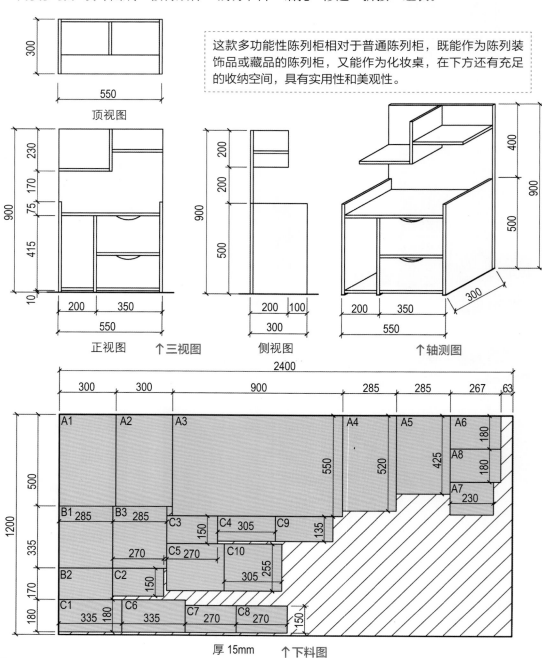

> 这款多功能性陈列柜相对于普通陈列柜，既能作为陈列装饰品或藏品的陈列柜，又能作为化妆桌，在下方还有充足的收纳空间，具有实用性和美观性。

顶视图

正视图　↑三视图　　侧视图　　　↑轴测图

厚 15mm　↑下料图

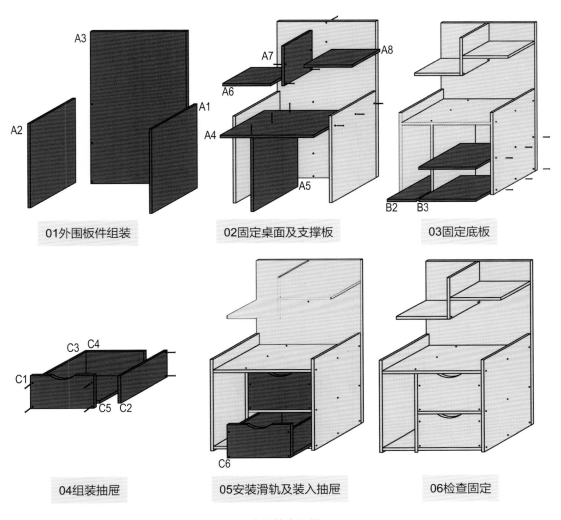

01外围板件组装

02固定桌面及支撑板

03固定底板

04组装抽屉

05安装滑轨及装入抽屉

06检查固定

↑组装步骤图

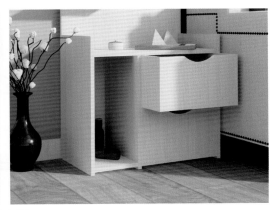

↑成品图

三、玄关柜

◎操作难度：★ ★ ★ ★ ☆

◎主要材料：20mm厚杉木板。

◎辅助材料：M4×25螺钉、M4×35螺钉、白乳胶、水性木器漆、脚垫件。

◎机械工具：台锯、修边机、手电钻。

◎简要步骤：设计图纸→板材放样→裁切下料→钻孔→修边→拼接→组装。

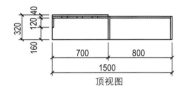

顶视图

玄关柜相对于一般的玄关隔断，下面柜子能提供储藏空间，柜子上方能放一些装饰品，背板可以悬挂钥匙等杂物。

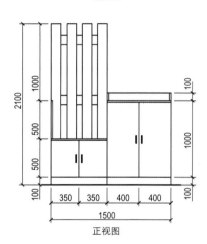

正视图

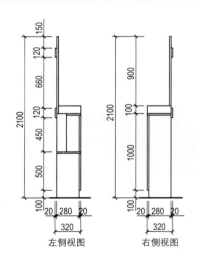

左侧视图　　　右侧视图

↑三视图

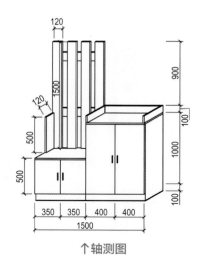

↑轴测图

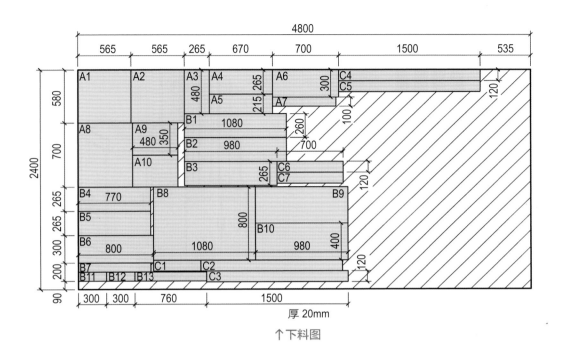

↑下料图

厚 20mm

玄关柜是指厅堂的外门，也就是居室入口区域放置的柜子，具有装饰、保护主人隐私等多种作用。

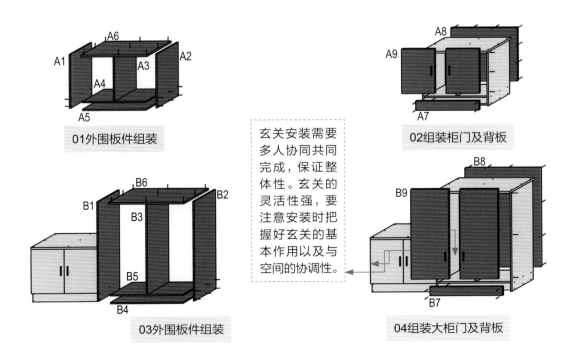

01外围板件组装

02组装柜门及背板

玄关安装需要多人协同共同完成，保证整体性。玄关的灵活性强，要注意安装时把握好玄关的基本作用以及与空间的协调性。

03外围板件组装

04组装大柜门及背板

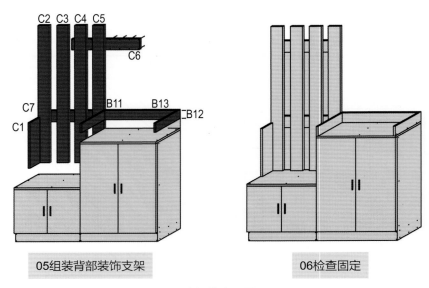

05组装背部装饰支架　　　　06检查固定

↑组装步骤图

设玄关能增加主人的私密性。为避免客人一进门就对整个室内一览无遗，在进门处做隔断，划出一块区域，在视觉上能遮挡一下。

↑成品图

四、三角书柜

◎ **操作难度：** ★ ★ ☆ ☆ ☆

◎ **主要材料：** 15mm厚杉木板。

◎ **辅助材料：** M4×25螺钉、M4×35螺钉、水性木器漆、脚垫件。

◎ **机械工具：** 台锯、修边机、手电钻。

◎ **简要步骤：** 设计图纸→板材放样→裁切下料→钻孔→修边→拼接→组装。

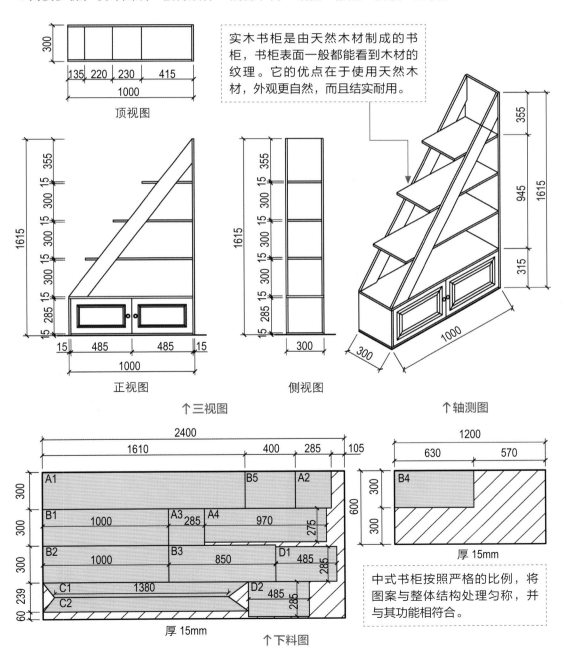

> 实木书柜是由天然木材制成的书柜，书柜表面一般都能看到木材的纹理。它的优点在于使用天然木材，外观更自然，而且结实耐用。

↑ 三视图

↑ 轴测图

> 中式书柜按照严格的比例，将图案与整体结构处理匀称，并与其功能相符合。

↑ 下料图

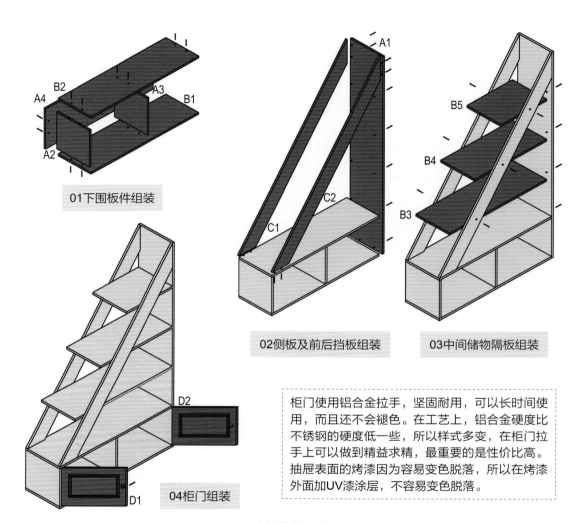

01下围板件组装

02侧板及前后挡板组装

03中间储物隔板组装

04柜门组装

柜门使用铝合金拉手，坚固耐用，可以长时间使用，而且还不会褪色。在工艺上，铝合金硬度比不锈钢的硬度低一些，所以样式多变，在柜门拉手上可以做到精益求精，最重要的是性价比高。抽屉表面的烤漆因为容易变色脱落，所以在烤漆外面加UV漆涂层，不容易变色脱落。

↑组装步骤图

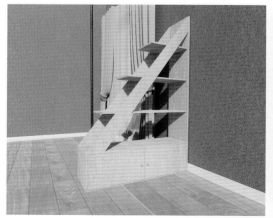

↑成品图

五、展柜

◎操作难度：★ ★ ★ ☆ ☆

◎主要材料：15mm厚杉木板。

◎辅助材料：M4×25螺钉、M4×35螺钉、白乳胶、水性木器漆、脚垫件、直径50mm金属支撑杆。

◎机械工具：台锯、修边机、手电钻。

◎简要步骤：设计图纸→板材放样→裁切下料→钻孔→修边→拼接→组装。

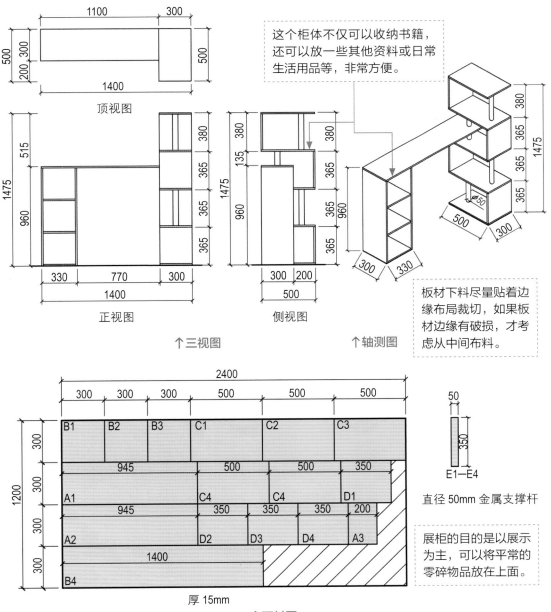

这个柜体不仅可以收纳书籍，还可以放一些其他资料或日常生活用品等，非常方便。

顶视图

正视图　　　　侧视图

↑三视图　　　　　↑轴测图

板材下料尽量贴着边缘布局裁切，如果板材边缘有破损，才考虑从中间布料。

展柜的目的是以展示为主，可以将平常的零碎物品放在上面。

直径 50mm 金属支撑杆

厚 15mm

↑下料图

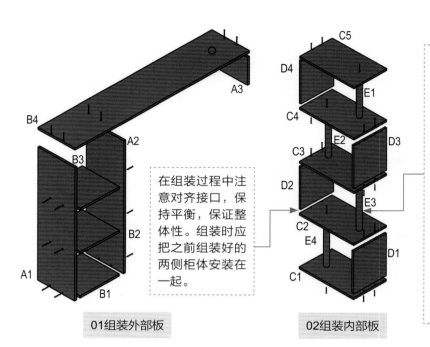

在组装过程中注意对齐接口，保持平衡，保证整体性。组装时应把之前组装好的两侧柜体安装在一起。

选用直径50mm金属支撑杆，让木板更有支撑力，长方形与圆形的搭配也更有设计感，视觉上也更平衡。注意金属杆要垂直安装，不然影响视觉效果。这种展柜一般不会放太重的物品，选用15mm厚杉木板正合适。组装时一定记得把板材对齐，不然歪斜就不好看了。另外，在组装过程中注意对齐接口，保持平衡。

01组装外部板

02组装内部板

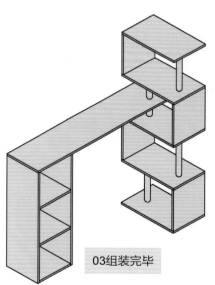

03组装完毕

↑组装步骤图

↑成品图

右侧的弓字形展柜很有美感，中间有支撑杆使之具有平衡感；可以在上面放一些有设计感的物体，进行展示，这样看起来显得具有文化氛围和艺术气息。

六、床头柜（一）

◎ **操作难度：** ★ ★ ★ ☆ ☆

◎ **主要材料：** 15mm厚杉木板。

◎ **辅助材料：** M4×25螺钉、M4×35螺钉、白乳胶、水性木器漆、定制柜脚。

◎ **机械工具：** 台锯、修边机、手电钻。

◎ **简要步骤：** 设计图纸→板材放样→裁切下料→钻孔→修边→拼接→组装。

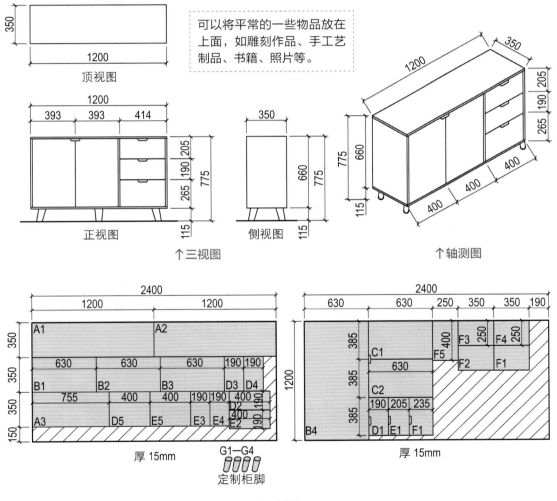

可以将平常的一些物品放在上面，如雕刻作品、手工艺制品、书籍、照片等。

↑三视图

↑轴测图

↑下料图

床头柜家具的造型来源于生活起居的功能需求，设计尺寸可以参考生活中的真实家具，再根据需要来进行局部调整。

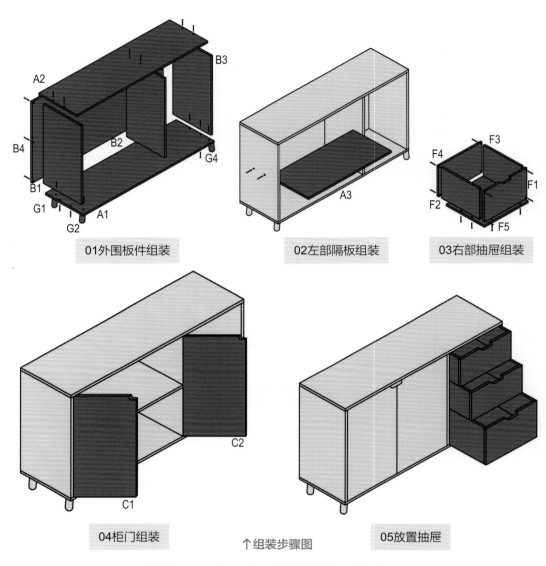

01外围板件组装

02左部隔板组装

03右部抽屉组装

04柜门组装

↑组装步骤图

05放置抽屉

↑成品图

左边两个开门柜可以放置书籍与其他物体，具有较好的储藏功能。右侧的三个抽屉可收纳比较小的杂物，或分类放置物品。这个家具属于较大的收纳型床头柜，具备良好的装饰性。

七、收纳柜

◎ **操作难度：** ★ ★ ☆ ☆ ☆

◎ **主要材料：** 15mm厚杉木板。

◎ **辅助材料：** M4×25螺钉、M4×35螺钉、白乳胶、水性木器漆、脚垫件。

◎ **机械工具：** 台锯、修边机、手电钻。

◎ **简要步骤：** 设计图纸→板材放样→裁切下料→钻孔→修边→拼接→组装。

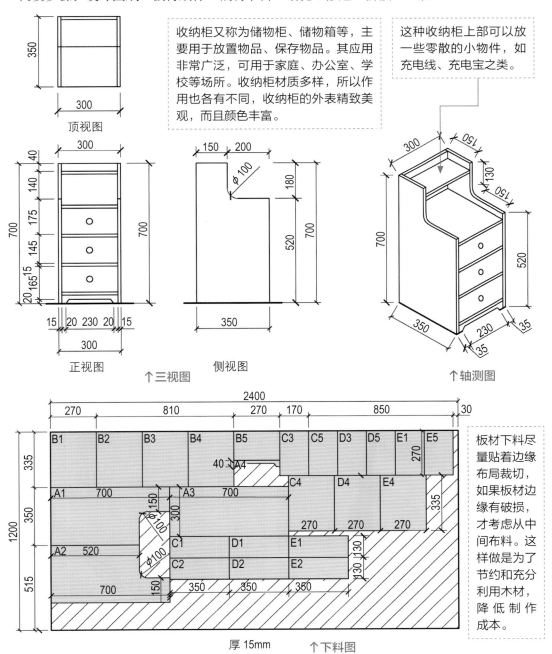

收纳柜又称为储物柜、储物箱等，主要用于放置物品、保存物品。其应用非常广泛，可用于家庭、办公室、学校等场所。收纳柜材质多样，所以作用也各有不同，收纳柜的外表精致美观，而且颜色丰富。

这种收纳柜上部可以放一些零散的小物件，如充电线、充电宝之类。

顶视图

正视图　侧视图

↑三视图

↑轴测图

板材下料尽量贴着边缘布局裁切，如果板材边缘有破损，才考虑从中间布料。这样做是为了节约和充分利用木材，降低制作成本。

厚 15mm　↑下料图

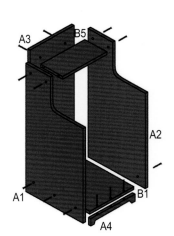

01外围板件组装

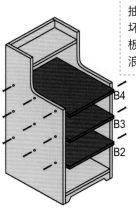

02中间隔板组装

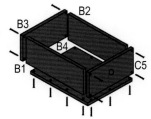

抽屉组装时要小心，以免板材损坏。板脚组装时要格外注意，因为板脚细长，太用力容易折损，造成浪费。

03抽屉组装

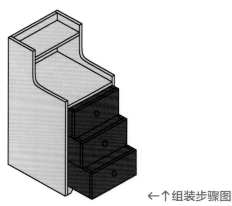

←↑组装步骤图

04安装抽屉

在组装过程中注意对齐。还应注意螺钉安装位置，钉螺钉时不要太用力，否则会破坏板材。

抽屉拉手可以使用铜拉手，颜色偏黄，看上去给人一种强烈的视觉冲击感，外观大气，气质古典，可以做到在每一个细节上都给人不一样的感受。材质好的铜可以堪比黄金，给人奢华的感受。

收纳柜分为多种小格子，所以又被称为是整理柜，可用于放置袜子和内衣，能起到整洁、干净的作用。

↑成品图

八、床头柜（二）

◎ 操作难度：★ ☆ ☆ ☆ ☆

◎ 主要材料：15mm厚杉木板。

◎ 辅助材料：M4×25螺钉、M4×35螺钉、水性木器漆、脚垫件、定制柜脚。

◎ 机械工具：台锯、修边机、手电钻。

◎ 简要步骤：设计图纸→板材放样→裁切下料→钻孔→修边→拼接→组装。

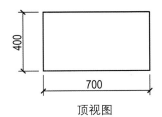

顶视图

床头柜家具的造型源于生活起居的功能需求，设计尺寸可以通过测量生活中的真实家具，再根据需要进行局部调整。

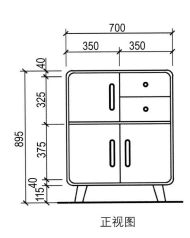

正视图　　　　　　　　　侧视图

↑三视图

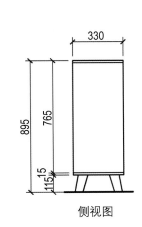

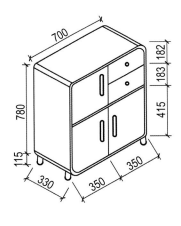

↑轴测图

厚 15mm

↑下料图

E1—E4
定制柜脚

厚 15mm

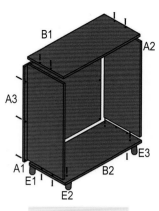

01外围板材组装

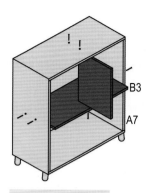

02内部隔板组装

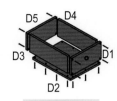

03抽屉组装

外围板材组装时需要多人协作共同完成主体的安装，在固定桌腿时要注意与主体的高度一致。两个抽屉保证了床头柜的实用性，其做工精细，造型简单大方，彰显时尚、简约。

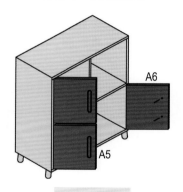

04安装柜门

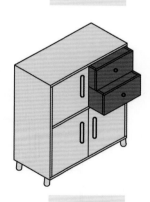

05安装抽屉

↑组装步骤图

↑成品图

九、储物抽屉柜

◎ 操作难度：★ ★ ★ ☆ ☆

◎ 主要材料：15mm厚杉木板。

◎ 辅助材料：M4×25螺钉、M4×35螺钉、水性木器漆、脚垫件。

◎ 机械工具：台锯、修边机、手电钻。

◎ 简要步骤：设计图纸→板材放样→裁切下料→钻孔→修边→拼接→组装。

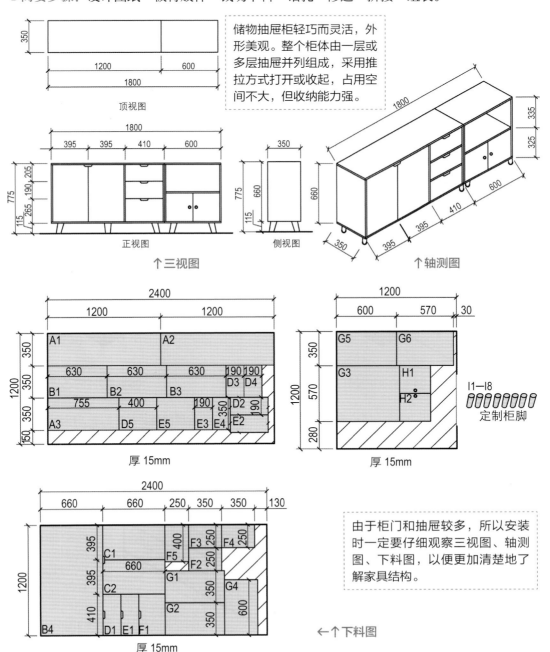

储物抽屉柜轻巧而灵活，外形美观。整个柜体由一层或多层抽屉并列组成，采用推拉方式打开或收起，占用空间不大，但收纳能力强。

↑三视图　　　　↑轴测图

由于柜门和抽屉较多，所以安装时一定要仔细观察三视图、轴测图、下料图，以便更加清楚地了解家具结构。

←↑下料图

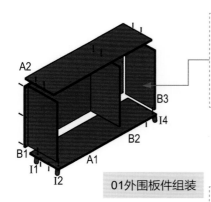

结构简洁，线条流畅。虽然采用了木制设计。但艺术感强，给人的整体感觉十分舒适。

01外围板件组装

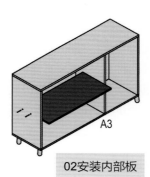

02安装内部板

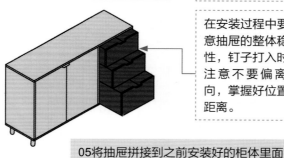

03安装柜门

抽屉柜的尺寸不宜过大，这样不容易造成空间浪费；但也不宜过小，过小的话东西放不进去或拿取不方便。因此，抽屉柜的尺寸设计时应既利于存放拿取，也不应占用居室过多空间。

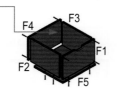

04抽屉组装

05将抽屉拼接到之前安装好的柜体里面

在安装过程中要注意抽屉的整体稳定性，钉子打入时要注意不要偏离方向，掌握好位置和距离。

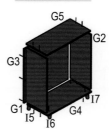

06安装外部板材

柜门使用铝合金拉手，坚固耐用，可以长时间使用，而且还不容易褪色。在工艺上，铝合金硬度比不锈钢硬度要低一些，所以样式多变，在柜门拉手上可以做到精益求精，最重要的是性价比高。抽屉柜主要作为日常辅助的储物柜使用。

07安装中间板材

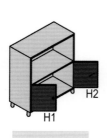

08安装门板

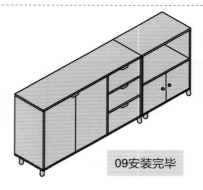

09安装完毕

经过以上步骤我们即可成功安装此类储物抽屉柜，安装手法其实并不复杂。

←组装步骤图

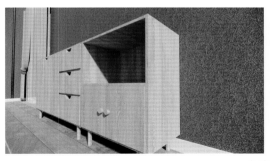

↑成品图

十、中型高柜

◎操作难度：★★★☆☆

◎主要材料：15mm厚杉木板。

◎辅助材料：M4×25螺钉、M4×35螺钉、白乳胶、水性木器漆、脚垫件、直径50mm金属支撑杆。

◎机械工具：台锯、修边机、手电钻。

◎简要步骤：设计图纸→板材放样→裁切下料→钻孔→修边→拼接→组装。

此类中型高柜的三视图和轴测图看上去都比较简单，但是组装时还是要注意板材下料的精准度。

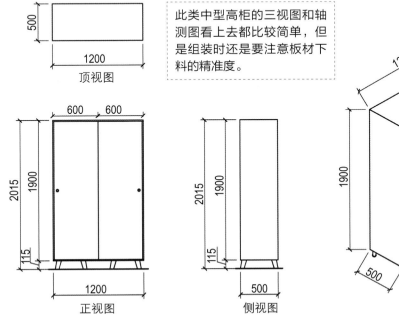

500
1200
顶视图

600　600
2015　1900
115
1200
正视图

2015　1900
115
500
侧视图

↑三视图

1200
1900
500　600　600

↑轴测图

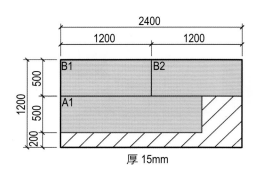

厚 15mm

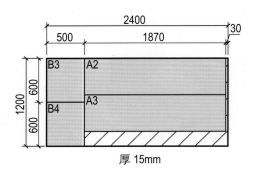

厚 15mm

形体较大的板材在下料时，应当尽量贴着边缘布局裁切，虽然会使板材形成一定空白，但是这并不代表浪费。集中空白板材可用于小件家具制作。

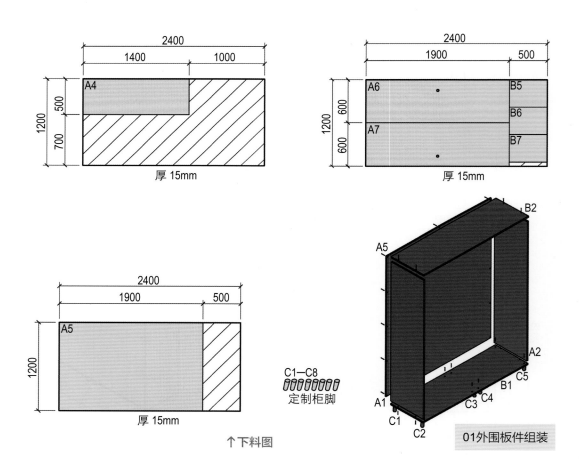

厚 15mm

厚 15mm

C1—C8
定制柜脚

↑下料图

01外围板件组装

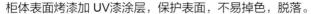

柜体表面烤漆加 UV 漆涂层，保护表面，不易掉色，脱落。

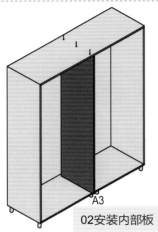

02安装内部板

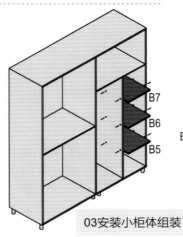

03安装小柜体组装

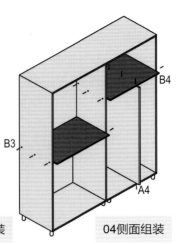

04侧面组装

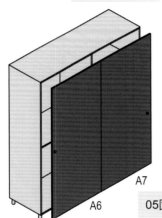

05固定安装

完成柜门组装时，要注意两扇柜门是否安装对称。应特别注意门之间的螺钉要安装紧密。

↑组装步骤图

↑成品图

十一、多层抽屉类中柜

◎操作难度：★ ★ ★ ☆ ☆

◎主要材料：15mm厚杉木板。

◎辅助材料：M4×25螺钉、M4×35螺钉、白乳胶、水性木器漆、定制柜脚。

◎机械工具：台锯、修边机、手电钻。

◎简要步骤：设计图纸→板材放样→裁切下料→钻孔→修边→拼接→组装。

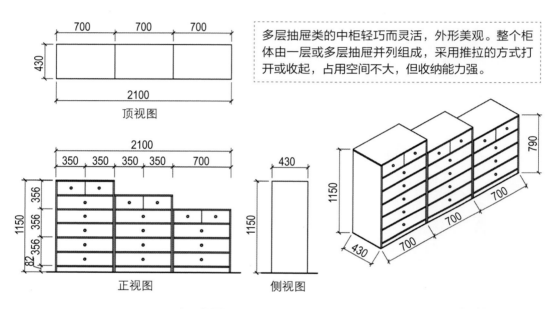

多层抽屉类的中柜轻巧而灵活，外形美观。整个柜体由一层或多层抽屉并列组成，采用推拉的方式打开或收起，占用空间不大，但收纳能力强。

↑三视图　　　　　　　　　　↑轴测图

多层抽屉类中柜可以用来装一些容易混淆和杂乱的物件，如袜子、内衣、内裤等；或需要进行分类且数量较多的物品，以方便物品的存放和寻找。

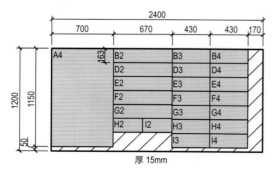

厚15mm

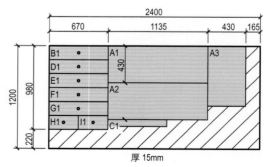

厚15mm

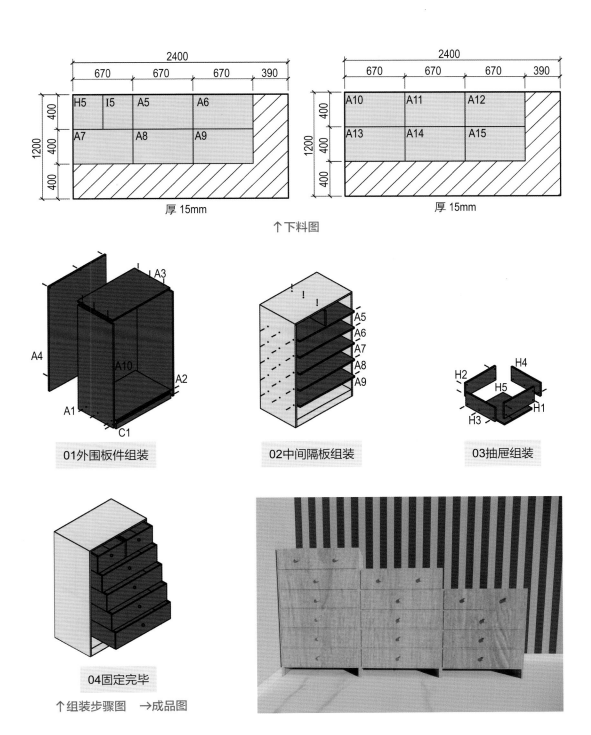

↑ 下料图

01外围板件组装

02中间隔板组装

03抽屉组装

04固定完毕

↑组装步骤图 →成品图

多层抽屉类中柜用于收纳一些小型物件，可使居室变得井井有条，让日常所需的小东西方便放在身边拿取。由于抽屉柜主要作为日常辅助的储物柜使用，它的主要功能是收纳一些体积较小的物品。

117

第三节 高柜类家具

高柜类家具在生活、工作中主要用于大件物品储藏，除了高度较高，另外对深度设计也有要求；同时，能存放常用的中小件物品，收纳、获取十分方便，一般摆放在储藏间、卧室、厨房、餐厅等空间。

一、餐具摆放柜

◎操作难度：★★☆☆☆

◎主要材料：15mm厚杉木板。

◎辅助材料：M4×25螺钉、M4×35螺钉、白乳胶、水性木器漆、脚垫件。

◎机械工具：台锯、修边机、手电钻。

◎简要步骤：设计图纸→板材放样→裁切下料→钻孔→修边→拼接→组装。

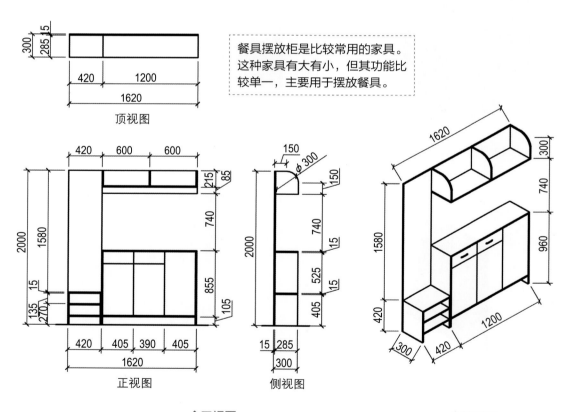

餐具摆放柜是比较常用的家具。这种家具有大有小，但其功能比较单一，主要用于摆放餐具。

↑ 三视图

↑ 轴测图

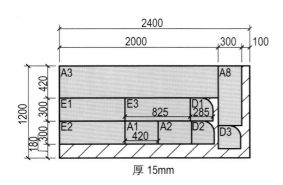

厚 15mm

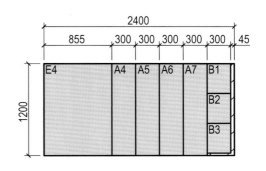

杉木板材是最基本的板材之一，运用15mm厚板材可以使家具具有一定的承受能力和较长的使用寿命。

组装过程中注意对齐，注意螺钉安装位置。板体脆弱的，要小心一点，钉螺钉的时候不要太用力，否则会破坏板材。板脚组装时要格外注意，因为板脚细长，太用力容易折损，造成浪费。

铜拉手颜色偏黄，给人一种强烈的视觉冲击感，外观大气，气质古典。

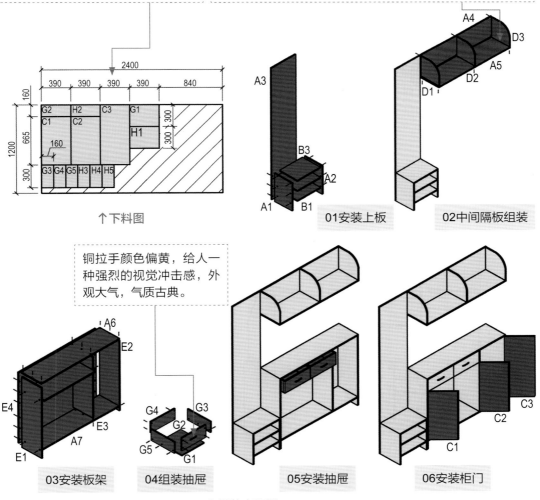

↑下料图

01安装上板

02中间隔板组装

03安装板架

04组装抽屉

05安装抽屉

06安装柜门

↑组装步骤图

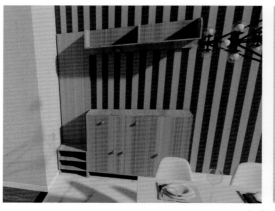 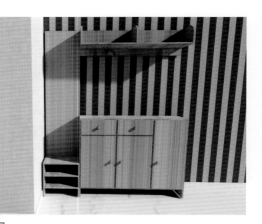

↑成品图

二、支架型书柜

◎操作难度：★★★★☆

◎主要材料：15mm厚杉木板。

◎辅助材料：M4×25螺钉、M4×35螺钉、水性木器漆、脚垫件、定制柜脚。

◎机械工具：台锯、修边机、手电钻。

◎简要步骤：设计图纸→板材放样→裁切下料→钻孔→修边→拼接→组装。

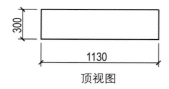

顶视图

> 书柜的造型来源于生活、学习的功能需求，设计尺寸可以参考生活中的真实家具，再根据需要进行局部调整。

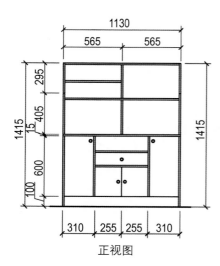

正视图　　　侧视图

↑三视图

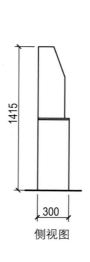

↑轴测图

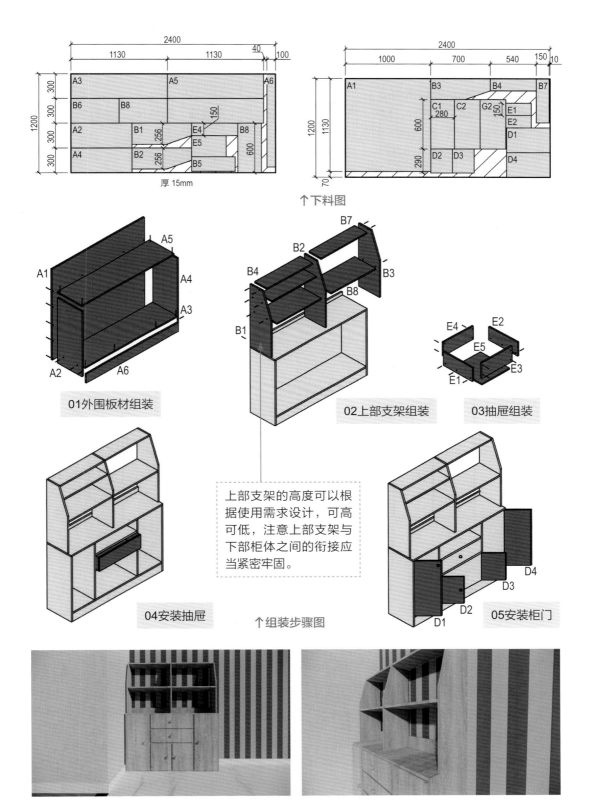

↑下料图

厚 15mm

01外围板材组装

02上部支架组装

03抽屉组装

上部支架的高度可以根据使用需求设计，可高可低，注意上部支架与下部柜体之间的衔接应当紧密牢固。

04安装抽屉

↑组装步骤图

05安装柜门

↑成品图

三、客房储物柜

◎操作难度：★★★☆☆

◎主要材料：15mm厚杉木板。

◎辅助材料：M4×25螺钉、M4×35螺钉、白乳胶、水性木器漆、脚垫件、抽屉滑轨。

◎机械工具：台锯、修边机、手电钻。

◎简要步骤：设计图纸→板材放样→裁切下料→钻孔→修边→拼接→组装。

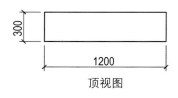

顶视图

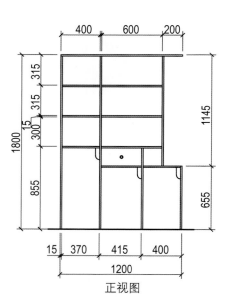

↑三视图

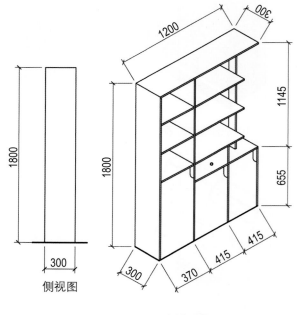

↑轴测图

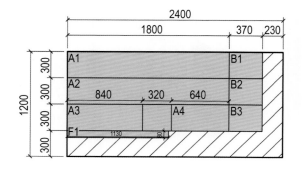

用途多样的客房储物柜，上方可摆放书籍、藏品或想要展示的文玩物品等。中间有一抽屉，下方是可用于储物的部分。可将此柜放在客厅走道或书房，方便使用，且有展示功能。

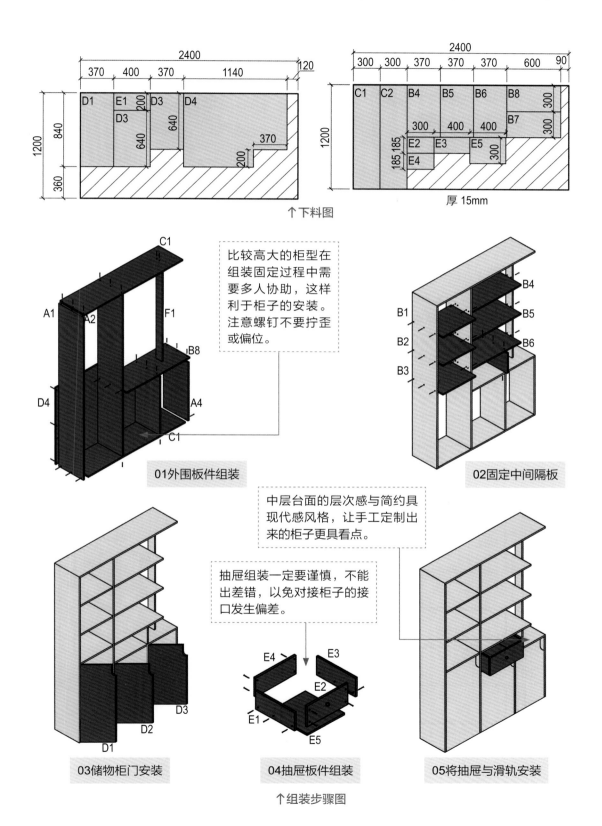

↑下料图

比较高大的柜型在组装固定过程中需要多人协助，这样利于柜子的安装。注意螺钉不要拧歪或偏位。

01外围板件组装

02固定中间隔板

中层台面的层次感与简约具现代感风格，让手工定制出来的柜子更具看点。

抽屉组装一定要谨慎，不能出差错，以免对接柜子的接口发生偏差。

03储物柜门安装

04抽屉板件组装

05将抽屉与滑轨安装

↑组装步骤图

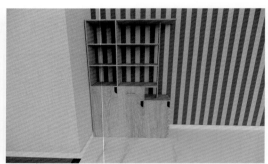

↑ 成品图

四、书柜

◎操作难度：★ ★ ★ ★ ☆

◎主要材料：15mm厚杉木板、25mm厚杉木板。

◎辅助材料：M4×25螺钉、M4×35螺钉、白乳胶、水性木器漆、脚垫件。

◎机械工具：台锯、修边机、手电钻。

◎简要步骤：设计图纸→板材放样→裁切下料→钻孔→修边→拼接→组装。

顶视图

> 书柜主要放置书类物品，靠边小框可放置小型盆景或装饰品，提高观赏性。

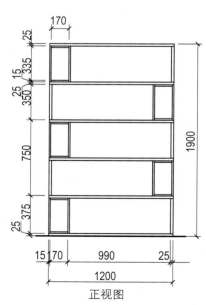

正视图

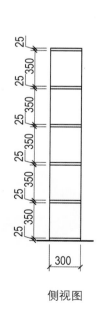

侧视图

↑ 三视图

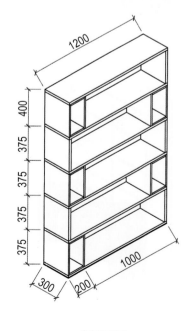

↑ 轴测图

板材裁剪中注意边缘不要毛角化，要规整且略圆滑，以免伤手或影响美观。

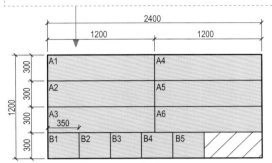

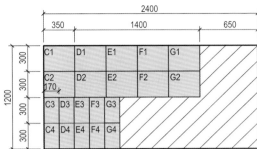

↑下料图

安装主体木板时，应
用工具固定好，以免
发生偏斜，影响进一
步组装。组装方柜与
主体时要注意避免划
伤书柜的板材。

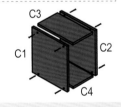

02靠边方形柜体组装

03将小柜与主体组装并固定

01主要木板构造组装固定

书柜左右拼接式设计，以每层书交错往不同方向倾斜
摆放效果为佳。小柜的设计符合部分人群既要中规中
矩又想别出心裁的想法。在定制过程中，可按个人想
法将小方柜刷不同颜色的涂料，显得更加个性。

↑组装步骤图

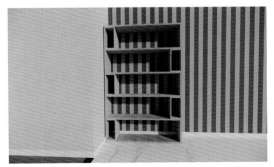

↑成品图

五、衣帽柜

◎ 操作难度：★ ★ ☆ ☆ ☆

◎ 主要材料：15mm厚杉木板。

◎ 辅助材料：M4×25螺钉、M4×35螺钉、白乳胶、水性木器漆、脚垫件。

◎ 机械工具：台锯、修边机、手电钻。

◎ 简要步骤：设计图纸→板材放样→裁切下料→钻孔→修边→拼接→组装。

> 衣帽柜内置可折叠衣物的隔层，具有可挂式衣物隔层，主要用于储存衣物，方便各类服装的收纳。

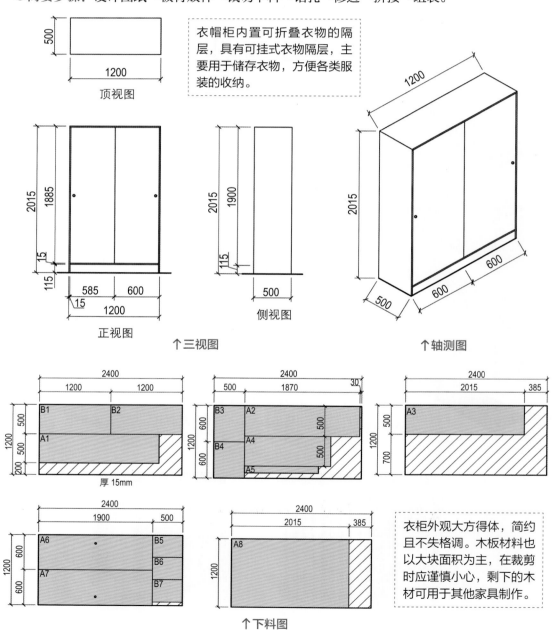

↑三视图

↑轴测图

厚15mm

↑下料图

> 衣柜外观大方得体，简约且不失格调。木板材料也以大块面积为主，在裁剪时应谨慎小心，剩下的木材可用于其他家具制作。

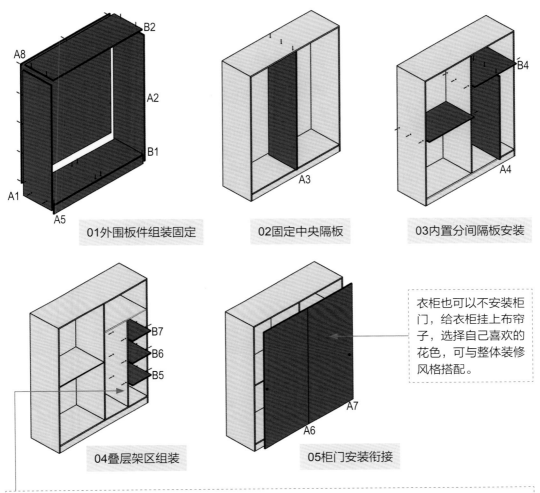

01外围板件组装固定　　　　02固定中央隔板　　　　03内置分间隔板安装

04叠层架区组装　　　　05柜门安装衔接

衣柜也可以不安装柜门，给衣柜挂上布帘子，选择自己喜欢的花色，可与整体装修风格搭配。

如果饰品和贴身衣物比较多，需要在柜体中设计更多的推拉抽屉柜，这样衣帽柜的包容性更强。衣帽柜可划分为床品储存区、叠层架、西裤区、挂衣区等。

↑组装步骤图

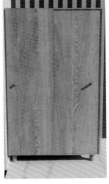

↑成品图

六、储物柜

◎ 操作难度：★★★★★

◎ 主要材料：15mm厚杉木板。

◎ 辅助材料：M4×25螺钉、M4×35螺钉、白乳胶、水性木器漆、脚垫件。

◎ 机械工具：台锯、修边机、手电钻。

◎ 简要步骤：设计图纸→板材放样→裁切下料→钻孔→修边→拼接→组装。

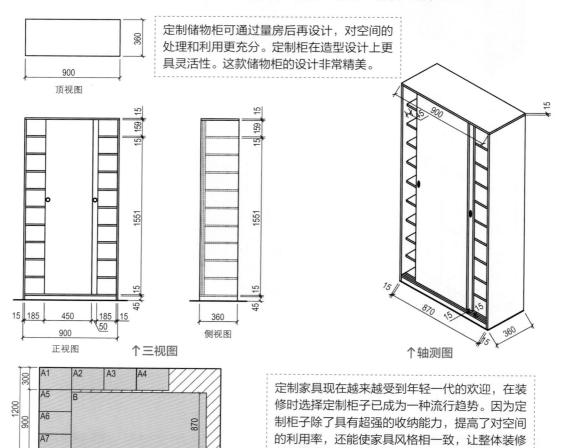

定制储物柜可通过量房后再设计，对空间的处理和利用更充分。定制柜在造型设计上更具灵活性。这款储物柜的设计非常精美。

顶视图

↑三视图

↑轴测图

定制家具现在越来越受到年轻一代的欢迎，在装修时选择定制柜子已成为一种流行趋势。因为定制柜除了具有超强的收纳能力，提高了对空间的利用率，还能使家具风格相一致，让整体装修更加协调。

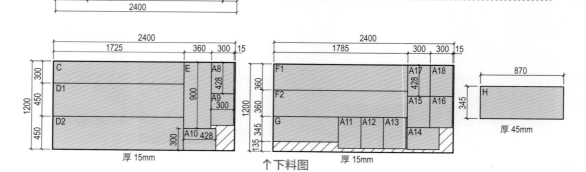

↑下料图

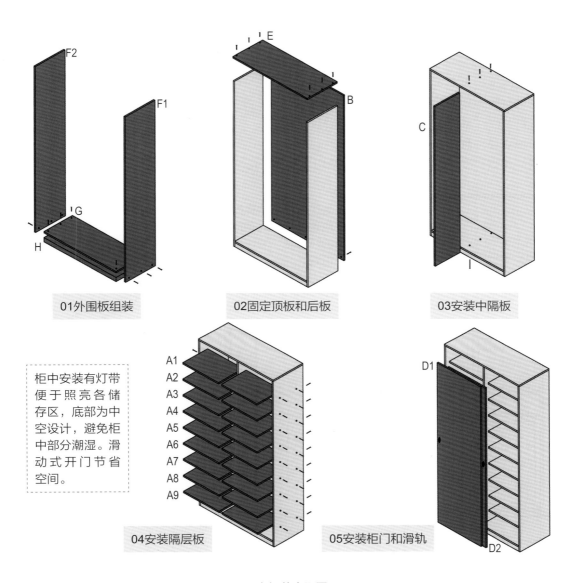

01外围板组装

02固定顶板和后板

03安装中隔板

柜中安装有灯带便于照亮各储存区，底部为中空设计，避免柜中部分潮湿。滑动式开门节省空间。

04安装隔层板

05安装柜门和滑轨

↑组装步骤图

↑成品图

七、酒柜

◎ 操作难度：★ ★ ★ ★ ☆

◎ 主要材料：15mm厚杉木板。

◎ 辅助材料：M4×25螺钉、M4×35螺钉、白乳胶、水性木器漆、脚垫件。

◎ 机械工具：台锯、修边机、手电钻。

◎ 简要步骤：设计图纸→板材放样→裁切下料→钻孔→修边→拼接→组装。

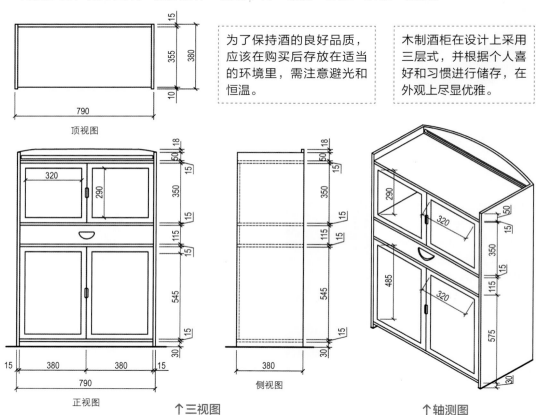

为了保持酒的良好品质，应该在购买后存放在适当的环境里，需注意避光和恒温。

木制酒柜在设计上采用三层式，并根据个人喜好和习惯进行储存，在外观上尽显优雅。

顶视图

正视图

↑三视图

侧视图

↑轴测图

这款家具材料中含有较细材料，在操作中要把握好力度。

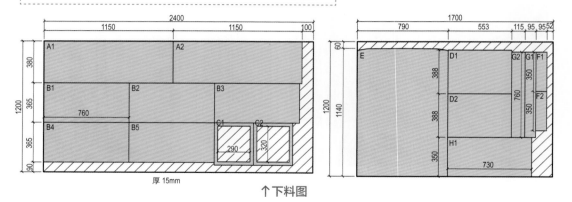

厚 15mm

↑下料图

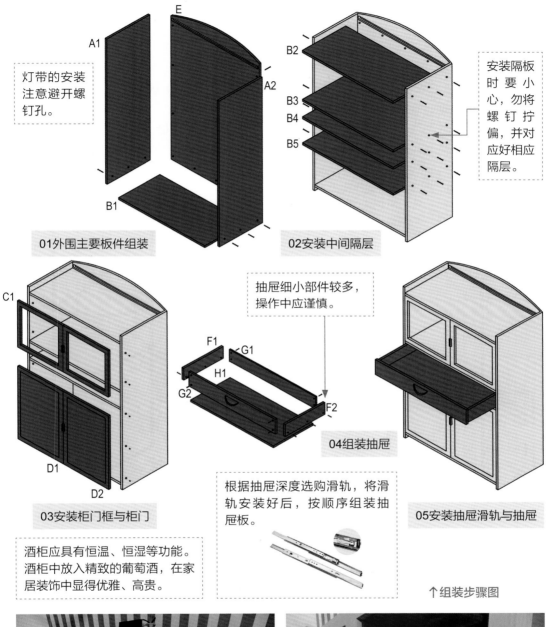

灯带的安装注意避开螺钉孔。

E

A1

A2

B1

01外围主要板件组装

B2

B3

B4

B5

安装隔板时要小心，勿将螺钉拧偏，并对应好相应隔层。

02安装中间隔层

C1

D1

D2

03安装柜门框与柜门

抽屉细小部件较多，操作中应谨慎。

F1

G1

H1

G2

F2

04组装抽屉

根据抽屉深度选购滑轨，将滑轨安装好后，按顺序组装抽屉板。

05安装抽屉滑轨与抽屉

酒柜应具有恒温、恒湿等功能。酒柜中放入精致的葡萄酒，在家居装饰中显得优雅、高贵。

↑组装步骤图

↑成品图

八、转角柜

◎ **操作难度：** ★ ★ ☆ ☆ ☆

◎ **主要材料：** 15mm厚松木板。

◎ **辅助材料：** M4×25螺钉、M4×35螺钉、白乳胶、水性木器漆、脚垫件。

◎ **机械工具：** 台锯、修边机、手电钻。

◎ **简要步骤：** 设计图纸→板材放样→裁切下料→钻孔→修边→拼接→组装。

顶视图

选用15mm厚松木板，纹理清楚、美观，造型朴实大方，线条饱满流畅，实用性强，经久耐用。其弹性和透气性强，导热性能好且保养简单。

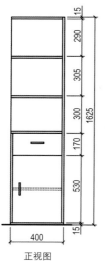

正视图

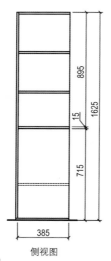

侧视图

↑ 三视图

转角柜家具的造型设计源于生活起居的功能需求，尺寸设计可以参考生活中的真实家具，再根据需要进行局部调整。

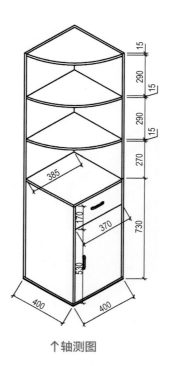

↑ 轴测图

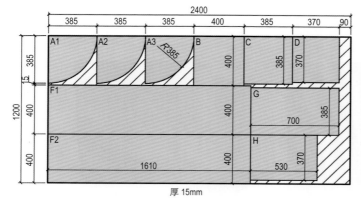

厚 15mm

↑ 下料图

板材下料尽量贴着边缘布局裁切，如果板材边缘有破损，才考虑从中间下料。

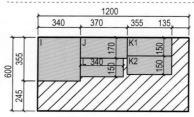

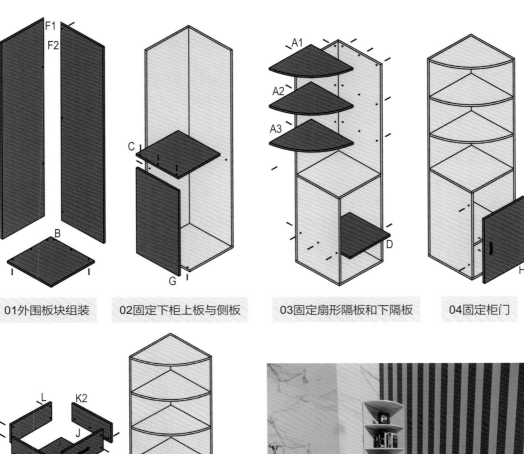

01外围板块组装　02固定下柜上板与侧板　03固定扇形隔板和下隔板　04固定柜门

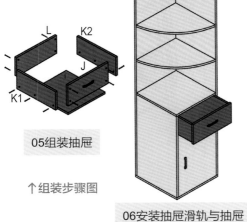

05组装抽屉

↑组装步骤图

06安装抽屉滑轨与抽屉

↑成品图

第四节 搁架类家具

　　搁架又称为置物架。置物架在家庭生活中的应用越来越广泛，很多家庭生活用品种类越来越多，需要一个可以进行整理这些生活用品的置物架。置物架的设计应尽量简洁，关键是使生活物品能够便于取拿，不用费力寻找。

一、展示低架

◎操作难度：★ ★ ★ ☆ ☆
◎主要材料：15mm厚杉木板、杉木木方。
◎辅助材料：M4×25螺钉、M4×35螺钉、水性木器漆、脚垫件。
◎机械工具：台锯、修边机、手电钻。
◎简要步骤：设计图纸→板材放样→裁切下料→钻孔→拼接→组装。

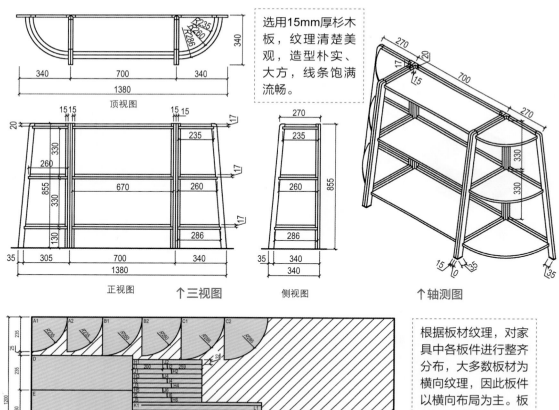

选用15mm厚杉木板，纹理清楚美观，造型朴实、大方、线条饱满流畅。

顶视图

正视图　　↑三视图　　侧视图　　↑轴测图

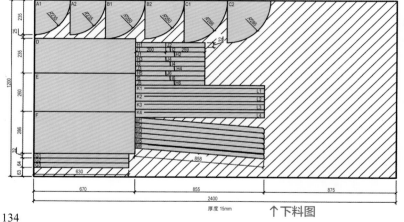

根据板材纹理，对家具中各板件进行整齐分布，大多数板材为横向纹理，因此板件以横向布局为主。板材下料尽量贴着边缘布局裁切，如果板材边缘有破损，再考虑从中间下料。

厚度 15mm
↑下料图

木方在家具中多用于主干构造，起到支撑作用，强度高，价格低廉。

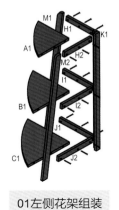

01左侧花架组装

02中间板架组装

03右侧花架组装

↑组装步骤图

↑成品图

二、多层置物架

◎ **操作难度：** ★★★★☆

◎ **主要材料：** 15mm厚橡胶木、橡胶木木方。

◎ **辅助材料：** M4×25螺钉、M4×35螺钉、白乳胶、水性木器漆、脚垫件。

◎ **机械工具：** 台锯、修边机、手电钻。

◎ **简要步骤：** 设计图纸→板材放样→裁切下料→钻孔→修边→拼接→组装。

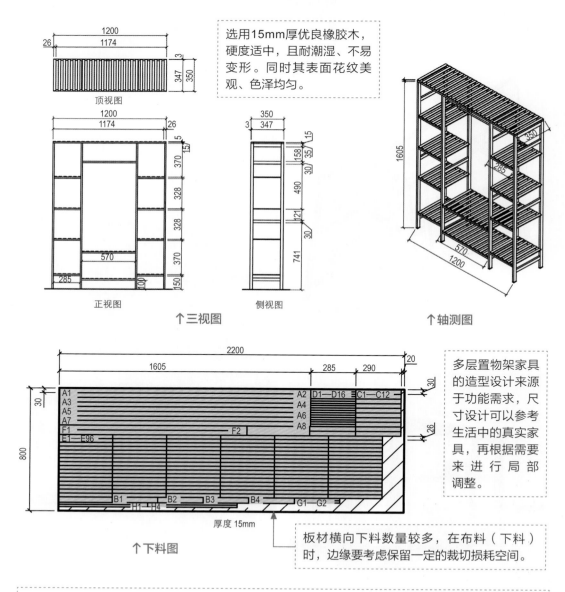

选用15mm厚优良橡胶木，硬度适中，且耐潮湿、不易变形。同时其表面花纹美观、色泽均匀。

顶视图

正视图   侧视图

↑三视图   ↑轴测图

厚度15mm

↑下料图

多层置物架家具的造型设计来源于功能需求，尺寸设计可以参考生活中的真实家具，再根据需要来进行局部调整。

板材横向下料数量较多，在布料（下料）时，边缘要考虑保留一定的裁切损耗空间。

置物架在生活中经常用到，多层置物架是房屋收纳的必备神器，多层设计能够整理好各种小物品。

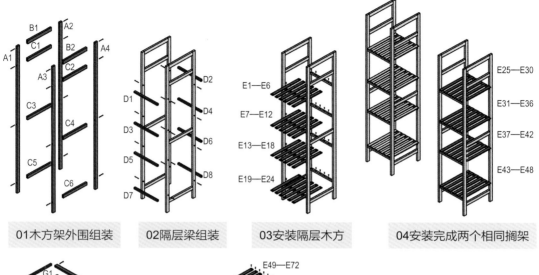

01木方架外围组装　　02隔层梁组装　　03安装隔层木方　　04安装完成两个相同搁架

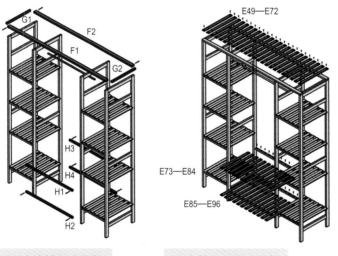

05固定连接两个搁架　　06安装上下层木方架

←↑组装步骤图

多层置物架是采用底板及支柱组合而成放置杂物的多层架子。其多由条形支架支撑，加以底板作承托，造型独特，设计灵巧，装卸简便，开放式的设计令物品一眼可见。

↑成品图

三、单排置物架

◎**操作难度：**★ ★ ★ ☆ ☆
◎**主要材料：**15mm厚橡胶板、橡胶木木方。
◎**辅助材料：**M4×25螺钉、M4×35螺钉、白乳胶、水性木器漆、脚垫件。
◎**机械工具：**台锯、修边机、手电钻。
◎**简要步骤：**设计图纸→板材放样→裁切下料→钻孔→修边→拼接→组装。

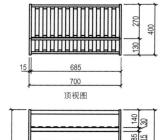

选用的15mm厚橡胶木是优良木材，硬度适中，且耐潮湿、不易变形。同时，其表面花纹美观、色泽均匀。

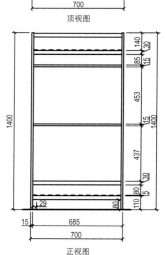

顶视图

正视图

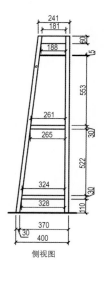

侧视图

↑三视图

↑轴测图

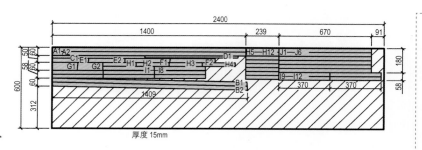

厚度 15mm

↑下料图

单排置物架家具造型设计来源于生活中的功能需求，尺寸设计可以参考生活中的真实家具，再根据需要来进行局部调整。置衣架最重要的还是稳定性和承重能力，若置衣架不够稳定，容易造成衣架坍塌。

裁切木材时注意板材间距，密集排列，集中从板材边缘进行裁切。

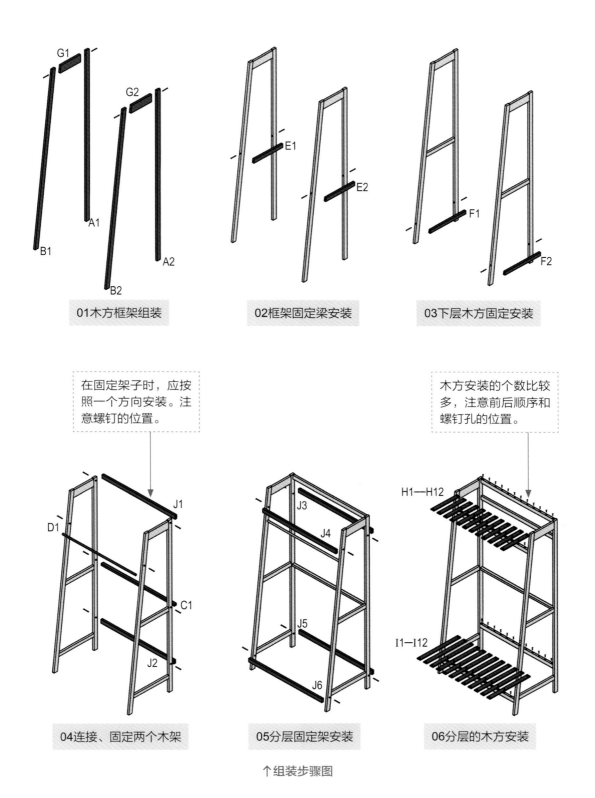

01木方框架组装

02框架固定梁安装

03下层木方固定安装

在固定架子时，应按照一个方向安装。注意螺钉的位置。

木方安装的个数比较多，注意前后顺序和螺钉孔的位置。

04连接、固定两个木架

05分层固定架安装

06分层的木方安装

↑组装步骤图

木工小贴士

　　大的木板材买来后就要锯开风干，花色面板要在第一时间涂刷封闭底漆，防止被弄脏。

用大量木方制作支架、置物面，可以提高置物架的稳定性，增强承重能力。

家具要注意保养，经常用软布顺着木纹的纹理为家具去尘。在使用时尽可能避免温度过高的物品直接接触家具，尽量避免家具面接触到腐蚀性液体、酒精（乙醇）、指甲油等。

↑成品图

四、落地置物架

◎操作难度：★★★★☆

◎主要材料：15mm厚橡胶木板、橡胶木木方。

◎辅助材料：M4×25螺钉、M4×35螺钉、白乳胶、水性木器漆、脚垫件。

◎机械工具：台锯、修边机、手电钻。

◎简要步骤：设计图纸→板材放样→裁切下料→钻孔→修边→拼接→组装。

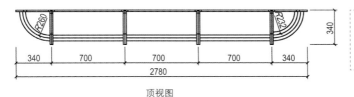

顶视图

> 选用15mm厚橡胶木板，硬度适中，且耐潮湿、不易变形，表面花纹美观、色泽均匀。

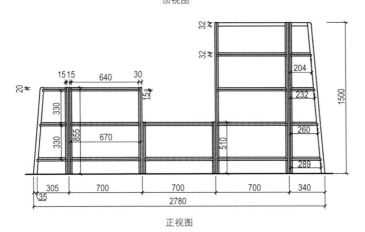

正视图

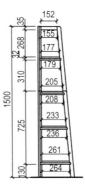

侧视图（左）

侧视图（右）

↑三视图

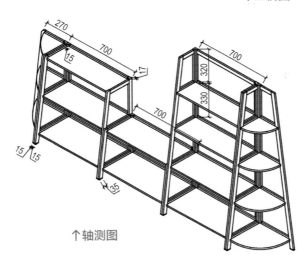

↑轴测图

> 直径小于100mm的橡胶木原木主要用于加工规格型材，用来生产集成板材（拼板或指接）。多功能置物架是一种生产规模较大的手工家具，符合快节奏生活需求，可以使生活更加便捷，收纳也更加顺利。

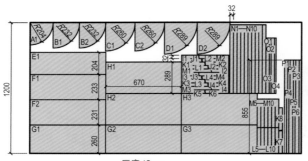

厚度15mm

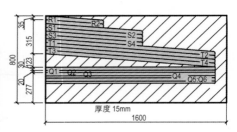

↑下料图

落地置物架的造型设计来源于生活起居的功能需求，尺寸设计可以参考生活中的真实家具，再根据需要来进行局部调整。

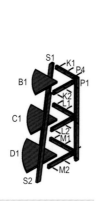

01组装左侧边架

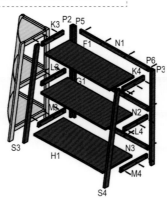

02组装中间高架

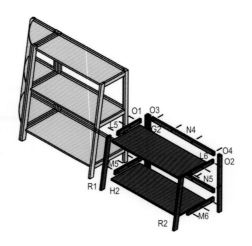

03安装双层矮架

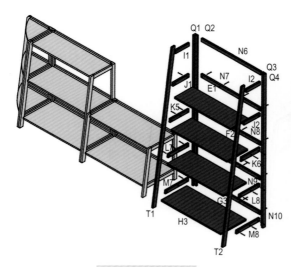

04四层高架组装

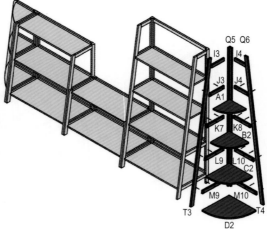

05右侧展示架组装

↑组装步骤图

置物架支撑处多为三角形，因为三角形的稳定性最强，可以加强置物架的稳定性。木板和木条是常见的简洁拼接材料，板和条的结合可以制成简洁、大方的置物架。

木工小贴士

在设计一件需承载重负荷的家具时，接合部或者接合部各组件尺寸要设计得大一些，以提高工件接合强度。

←↑成品图

五、挂衣架

◎操作难度：★★★☆☆

◎主要材料：15mm厚杉木板、杉木木方。

◎辅助材料：M4×25螺钉、M4×35螺钉、水性木器漆、脚垫件。

◎机械工具：台锯、修边机、手电钻。

◎简要步骤：设计图纸→板材放样→裁切下料→钻孔→拼接→组装。

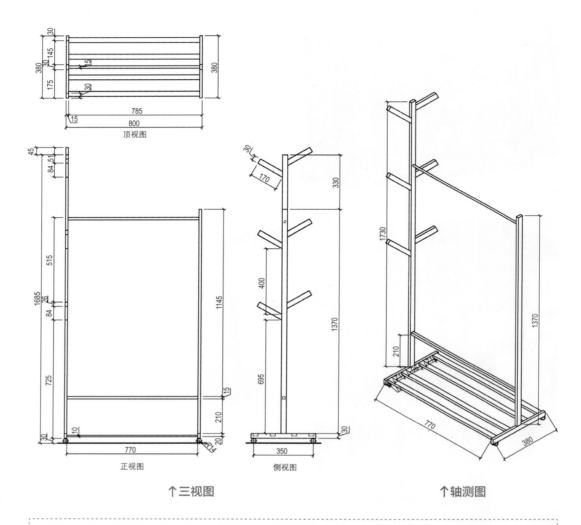

↑三视图 ↑轴测图

顶视图

正视图

侧视图

由于挂衣架对承重能力要求较高，所以我们需要让整个家具结构更加稳定，承重能力更强。方木对稳定承重十分有帮助。这个挂衣架体现出整个家具的线条之美，采用Y字形木条使整个挂衣架更具独特风格。

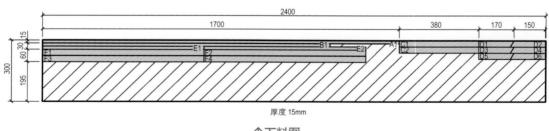

厚度15mm

↑下料图

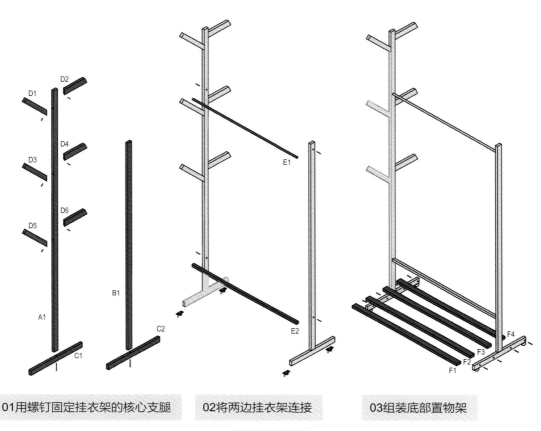

01用螺钉固定挂衣架的核心支腿　　02将两边挂衣架连接　　03组装底部置物架

↑组装步骤图

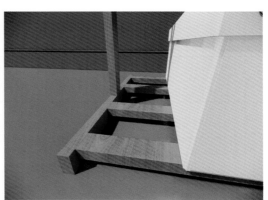

↑成品图

六、置物边柜

◎操作难度：★ ★ ★ ☆ ☆

◎主要材料：15mm厚杉木板、杉木木方。

◎辅助材料：M4×25螺钉、M4×35螺钉、水性木器漆、脚垫件。

◎机械工具：台锯、修边机、手电钻。

◎简要步骤：设计图纸→板材放样→裁切下料→钻孔→拼接→组装。

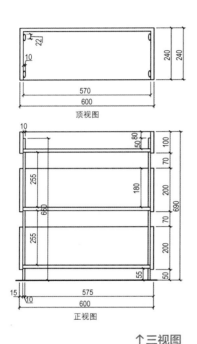

↑三视图

轴测图更方便我们理解家具的结构，也更方便后期制作。

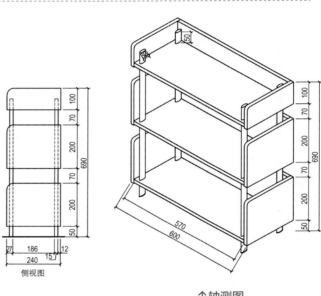

↑轴测图

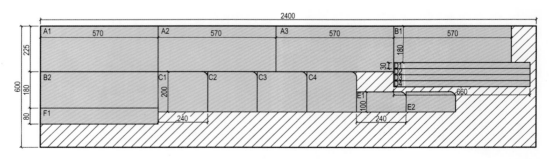

↑下料图

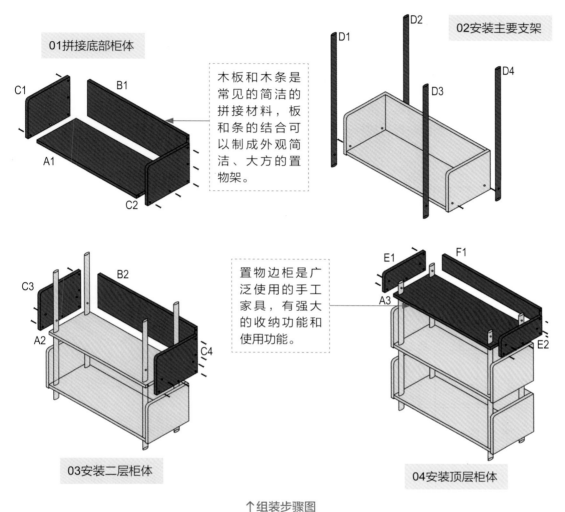

01拼接底部柜体

C1

B1

A1

C2

木板和木条是常见的简洁的拼接材料，板和条的结合可以制成外观简洁、大方的置物架。

D1

D2

D3

D4

02安装主要支架

C3

B2

A2

C4

置物边柜是广泛使用的手工家具，有强大的收纳功能和使用功能。

E1

F1

A3

E2

03安装二层柜体

04安装顶层柜体

↑组装步骤图

↑成品图

七、多边置物墙架

◎操作难度：★★☆☆☆

◎主要材料：15mm厚杉木板、杉木木方。

◎辅助材料：M4×25螺钉、M4×35螺钉、水性木器漆、脚垫件。

◎机械工具：台锯、修边机、手电钻。

◎简要步骤：设计图纸→板材放样→裁切下料→钻孔→组装。

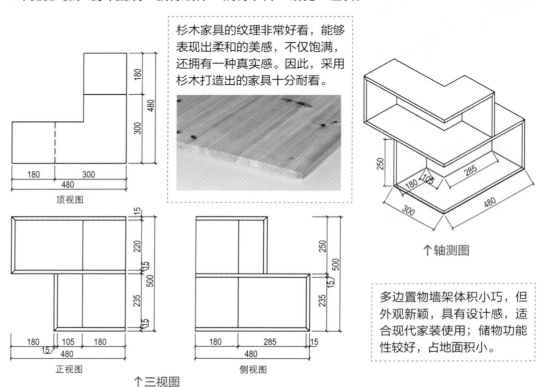

杉木家具的纹理非常好看，能够表现出柔和的美感，不仅饱满，还拥有一种真实感。因此，采用杉木打造出的家具十分耐看。

↑ 轴测图

↑ 三视图

多边置物墙架体积小巧，但外观新颖，具有设计感，适合现代家装使用；储物功能性较好，占地面积小。

板料裁切尽量横向布料，最大化利用板材的横向结构，这样裁切后的板材具有较强的抗压性能和抗变形能力。

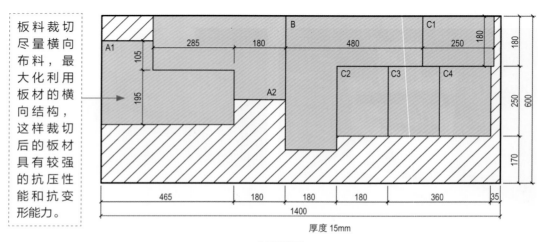

厚度 15mm

↑ 下料图

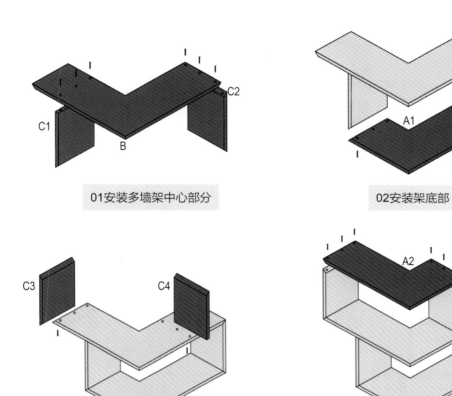

01安装多墙架中心部分

02安装架底部

03安装二层架边

04安装架顶

↑组装步骤图

用来摆放日常用品或货物的架子，结构简单，设计合理，使用方便，用途广泛。将置物架挂在墙上，并在上方摆放绿植、装饰品等，会给单调的白墙加上一些变化，让人觉得好看些。

↑成品图

八、置物套柜

◎操作难度：★★★☆☆
◎主要材料：18mm厚杉木板、杉木木方。
◎辅助材料：M4×25螺钉、M4×35螺钉、水性木器漆、脚垫件。
◎机械工具：台锯、修边机、手电钻。
◎简要步骤：设计图纸→板材放样→裁切下料→钻孔→拼接→组装。

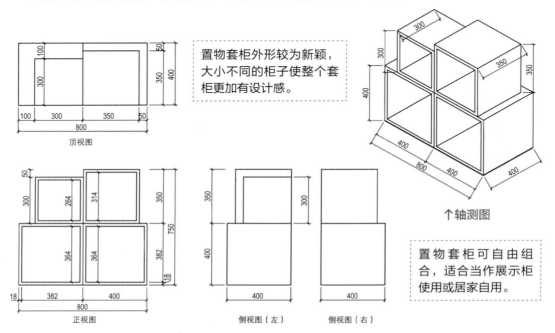

置物套柜外形较为新颖，大小不同的柜子使整个套柜更加有设计感。

↑轴测图

↑三视图

置物套柜可自由组合，适合当作展示柜使用或居家自用。

由于套柜承重能力与稳定性十分重要，于是采用的是18mm厚木板，可以提高柜子的稳定性与承重能力。

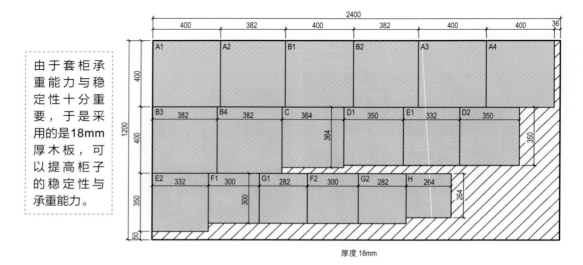

↑下料图

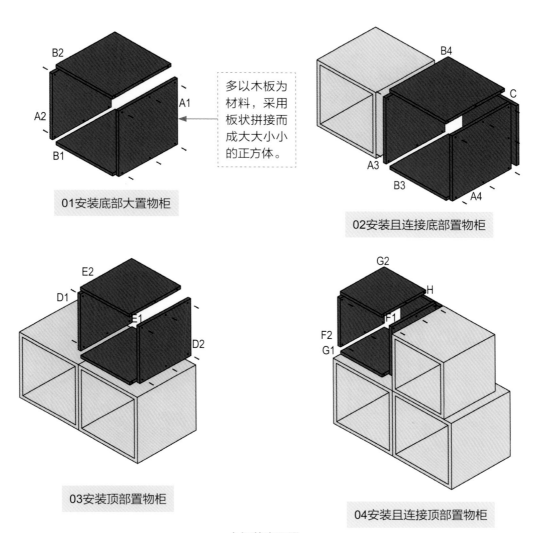

B2

A2

B1

A1

多以木板为
材料，采用
板状拼接而
成大大小小
的正方体。

01安装底部大置物柜

B4

C

A3

B3

A4

02安装且连接底部置物柜

E2

D1

E1

D2

03安装顶部置物柜

G2

H

F2

F1

G1

04安装且连接顶部置物柜

↑组装步骤图

↑成品图

九、多层墙架

◎操作难度：★ ★ ★ ☆ ☆

◎主要材料：12mm厚杉木板、杉木木方。

◎辅助材料：M4×25螺钉、M4×35螺钉、水性木器漆、脚垫件。

◎机械工具：台锯、修边机、手电钻。

◎简要步骤：设计图纸→板材放样→裁切下料→钻孔→拼接→组装。

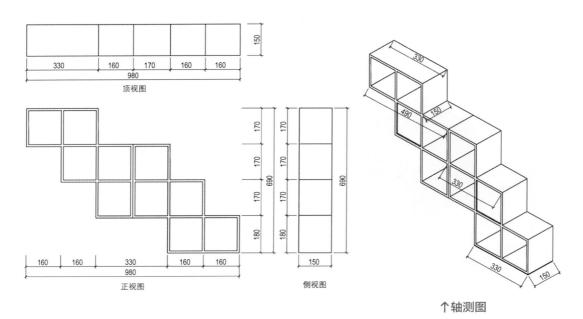

↑三视图

↑轴测图

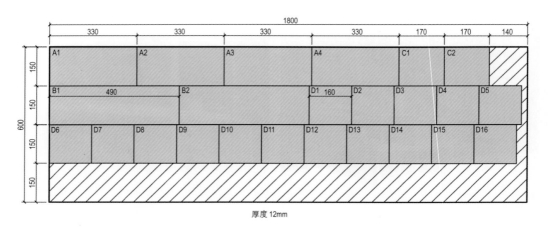

↑下料图

多层墙架是以杉木板组装而成，储物格较多，利于日常生活储物、置物，且外形有丰富变化，以面与面的连接使整个家具既完整又颇有个性。由于置物架在房屋中主要是挂于墙面，则自重不能太重，采用12mm厚杉木板制作，可使其承重能力增强却又自重较轻。

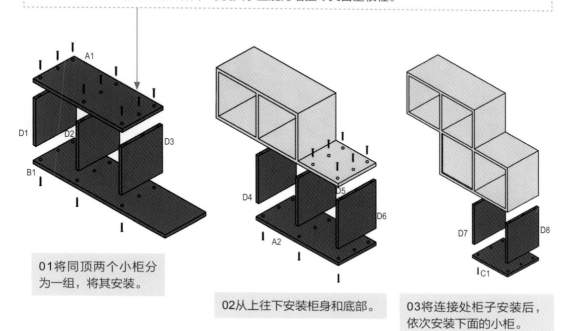

01将同顶两个小柜分为一组，将其安装。

02从上往下安装柜身和底部。

03将连接处柜子安装后，依次安装下面的小柜。

04安装小柜

05组合完毕

↑组装步骤图

↑成品图

十、墙面搁架

◎操作难度：★ ★ ★ ☆ ☆

◎主要材料：15mm厚杉木板。

◎辅助材料：M4×25螺钉、M4×35螺钉、白乳胶、水性木器漆、脚垫件。

◎机械工具：台锯、修边机、手电钻。

◎简要步骤：设计图纸→板材放样→裁切下料→钻孔→修边→拼接→组装。

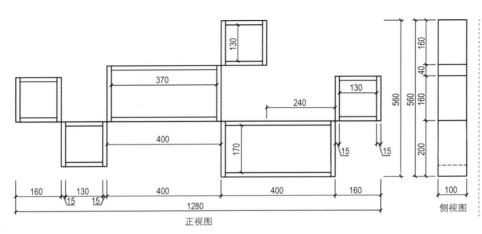

简洁的长条形木质墙面搁架，能提升空间美感。整体造型没有多余的设计，简洁、大方，能很好地利用客厅的墙壁空间。

↑三视图

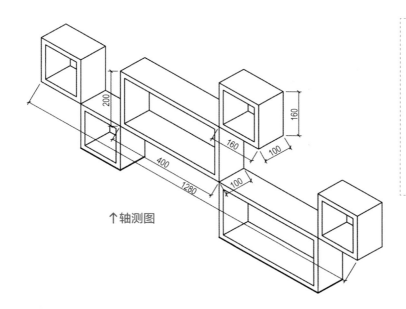

↑轴测图

墙面搁架常用在客厅、餐厅墙面，在家居装饰设计中，墙面搁架往往可以突出空间的美感，也很实用。墙面搁架的设计简洁、大方，对于归置生活物品很有帮助，利于生活物品的取拿。

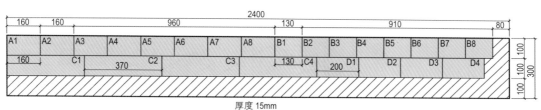

↑下料图

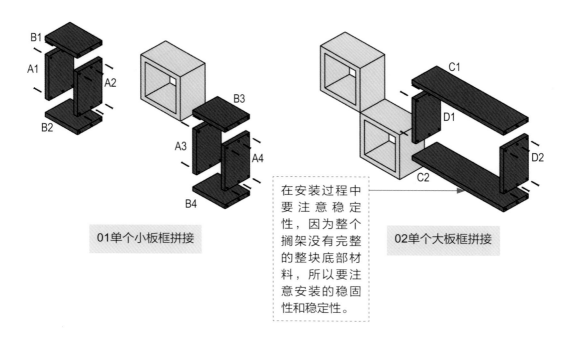

01单个小板框拼接

在安装过程中要注意稳定性，因为整个搁架没有完整的整块底部材料，所以要注意安装的稳固性和稳定性。

02单个大板框拼接

强大的收纳能力和不挑地方的安装构造，应用面非常广。搁架放在厨房可以用挂钩垂直收纳锅具，搁板还可用来收纳瓶瓶罐罐或放在客厅摆放一些陈列物，更是利于收纳的好家具。

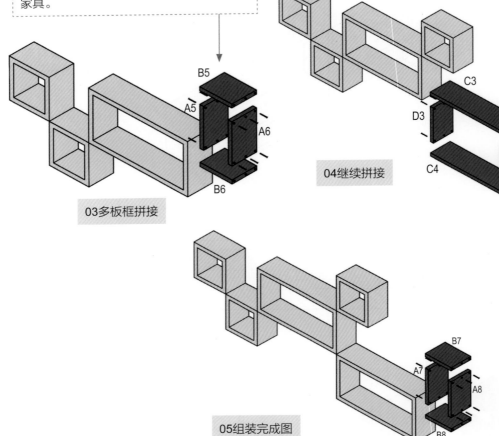

B5
A5
A6
B6

03多板框拼接

C3
D3
D4
C4

04继续拼接

B7
A7
A8
B8

05组装完成图

↑组装步骤图

拼装时要注意搁架底座是否牢固，推拉时是否容易晃动，检查搁架的材质能否在环境中不腐坏、不变形、不生锈。原木色搁板搭配黑色支撑架，显得很有格调。把搁架装在餐边柜墙面上时，可收纳茶杯、时钟和小物品，方便随手拿取。如果室内空间中有一面凹墙，此时把搁架作为书架，则性价比高且美观。

↑成品图

十一、创意搁架

◎操作难度：★ ★ ★ ☆ ☆

◎主要材料：12mm厚杉木板。

◎辅助材料：M4×25螺钉、M4×35螺钉、白乳胶、水性木器漆、脚垫件。

◎机械工具：台锯、修边机、手电钻。

◎简要步骤：设计图纸→板材放样→裁切下料→钻孔→修边→拼接→组装。

顶视图

创意搁架主要放装饰品等杂物，搁架的长度、宽度、深度不大，且放置物体不重。将收纳格与搁板结合起来，不但实现了收纳分区，而且造型有一种古典美。

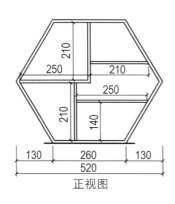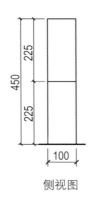

↑三视图

正视图　　　侧视图

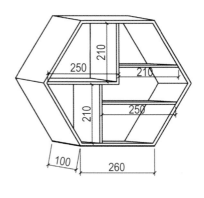

↑轴测图

创意搁架为轻型搁架，即单元货架每层载重量不大于20kg，总承载一般不大于50kg。

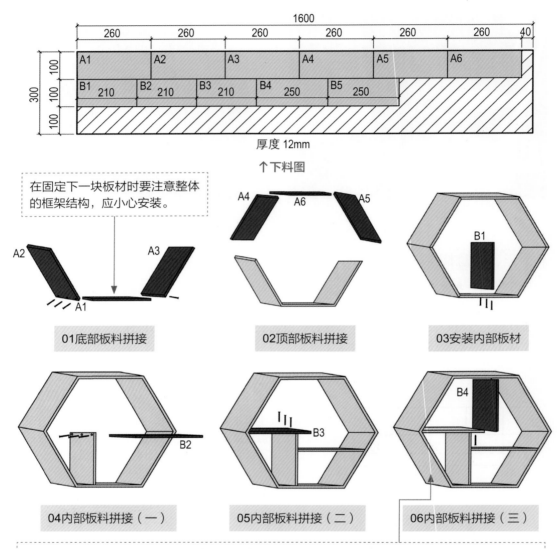

↑下料图

在固定下一块板材时要注意整体的框架结构，应小心安装。

01底部板料拼接

02顶部板料拼接

03安装内部板材

04内部板料拼接（一）

05内部板料拼接（二）

06内部板料拼接（三）

搁架成本低、重量轻，自由组合度高，安全可靠，简单拆卸和再组装后就可单独使用，也可以自由组合成各种货架使用。

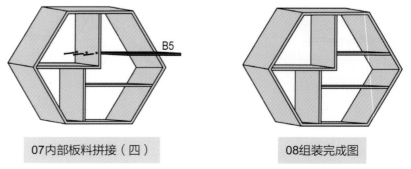

07内部板料拼接（四）

08组装完成图

↑组装步骤图

如果不用实木，而是以中密度纤维板为基材，应当在铣型、砂光后，在表面进行真空吸覆成型处理，贴上PVC膜。这种工艺可以做成全覆面，边缘无须封边，相对于涂料饰面，更耐磨。但是，其在高温和强烈紫外线环境下会褪色。

↑成品图

十二、多边形搁架

◎操作难度：★★☆☆☆

◎主要材料：15mm厚杉木板。

◎辅助材料：M4×25螺钉、M4×35螺钉、白乳胶、水性木器漆、脚垫件。

◎机械工具：台锯、修边机、手电钻。

◎简要步骤：设计图纸→板材放样→裁切下料→钻孔→修边→拼接→组装。

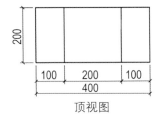

顶视图

多边形搁架组装的板料较为简洁，一般是由多个搁架组合使用，形成一个搁架群组，既美观又方便使用。

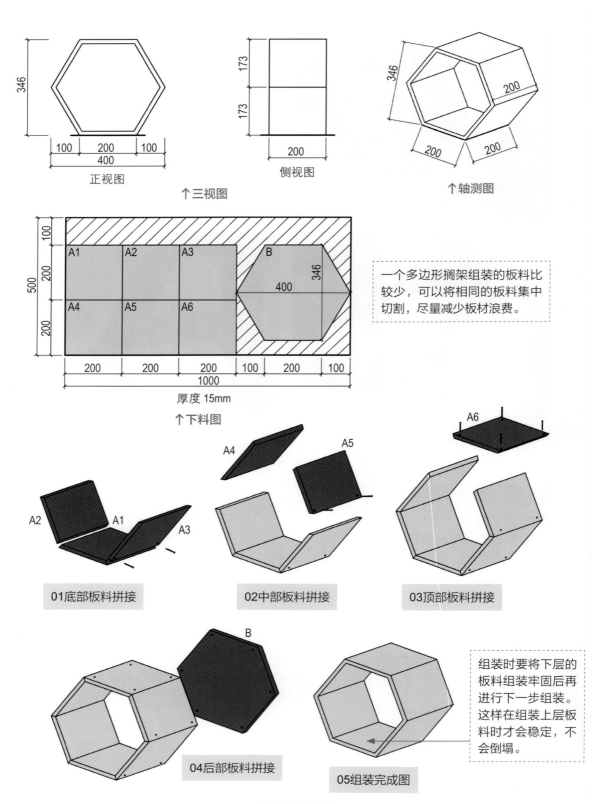

↑三视图

正视图　　　侧视图　　　↑轴测图

一个多边形搁架组装的板料比较少，可以将相同的板料集中切割，尽量减少板材浪费。

厚度15mm

↑下料图

01底部板料拼接　　　02中部板料拼接　　　03顶部板料拼接

04后部板料拼接　　　05组装完成图

组装时要将下层的板料组装牢固后再进行下一步组装。这样在组装上层板料时才会稳定，不会倒塌。

↑组装步骤图

搁架组合使用时需要关注以下几种特性：独立性，选取的搁架要具有相对独立的特定功能，可以进行单独设计、生产、修改等及其他相关工艺；相容性，要求搁架之间具有若干配合要素；互换性，要求尺寸标准化和接口结构形状能满足搁架组合需要。

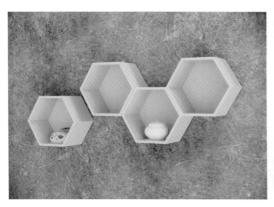

↑成品图

十三、拼接搁架

◎操作难度：★★★★☆

◎主要材料：15mm厚杉木板。

◎辅助材料：M4×25螺钉、M4×35螺钉、白乳胶、水性木器漆、脚垫件。

◎机械工具：台锯、修边机、手电钻。

◎简要步骤：设计图纸→板材放样→裁切下料→钻孔→修边→拼接→组装。

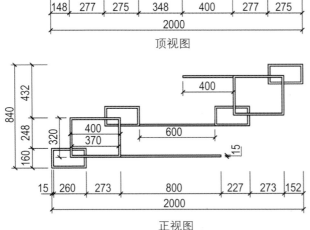

该搁架相对来说比较复杂，所占面积也比较大，但其雅致、美观，可放置的物品也较多，并且有视觉均衡感。

顶视图

正视图

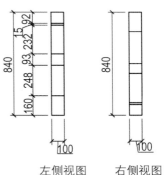

左侧视图　　右侧视图

↑三视图

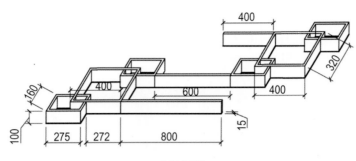

↑轴测图

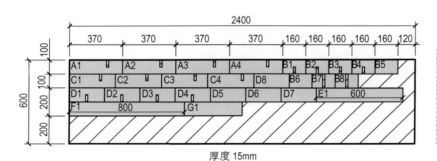

厚度15mm

↑下料图

板材下料尽量贴着边缘布局裁切，如果板材边缘有破损，再考虑从中间布料（下料）。

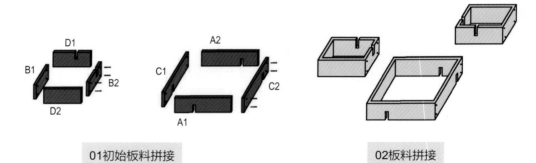

01初始板料拼接

02板料拼接

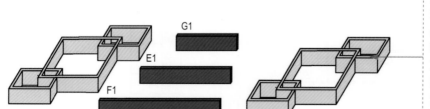

03多个框架板料拼接

搁架在组装时，板料有许多卡槽，需要比较精准地将卡槽一一对应，这样才能防止在组装时因卡槽没有放对位置导致卡槽损坏，影响整体稳定性。

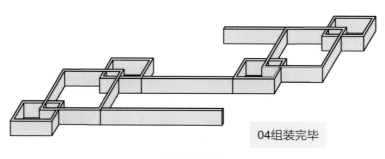

04组装完毕

↑组装步骤图

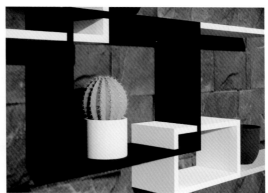

↑←成品图

第五节　几案类家具

　　中式的几案，是中式风格家居设计必备家具之一。人们常把几、案并称，是因为二者在形式和用途上难以区分。古时案是指人们吃饭、写字、喝茶时的家具，几是指人坐下倚靠的家具，柜是指储物的家具，不过如今案、几、柜已经没有明显界限了。

一、长桌几案

◎ **操作难度：** ★ ★ ☆ ☆ ☆

◎ **主要材料：** 20mm厚杉木板、40mm厚木龙骨。

◎ **辅助材料：** M4×25螺钉、M4×35螺钉、白乳胶、水性木器漆、脚垫件。

◎ **机械工具：** 台锯、修边机、手电钻。

◎ **简要步骤：** 设计图纸→板材放样→裁切下料→钻孔→修边→拼接→组装。

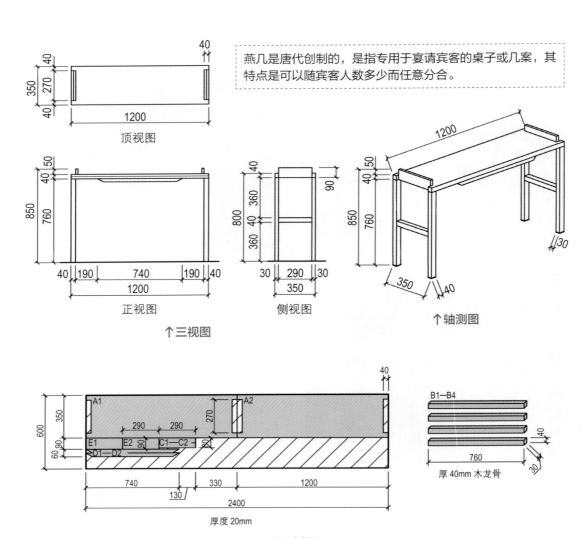

燕几是唐代创制的，是指专用于宴请宾客的桌子或几案，其特点是可以随宾客人数多少而任意分合。

↑三视图

↑轴测图

↑下料图

几案的造型突出表现为案腿与案面：案腿细长，支撑有力；案面平整，跨度大且不变形，具有良好的置物功能。案腿与案面交界处有装饰造型，设计精巧，即使是简约风格也略带造型。

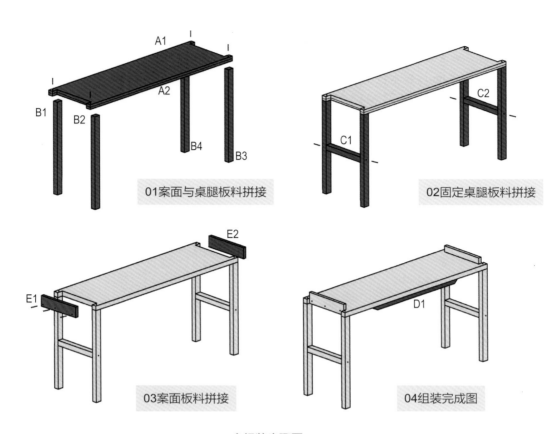

01案面与桌腿板料拼接

02固定桌腿板料拼接

03案面板料拼接

04组装完成图

↑组装步骤图

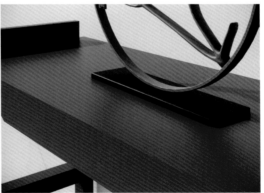

↑成品图

随着季节变化，木材中的含水率也会有相应变化，造成木材本身发生形变，而且在三个维度方向上，形变率完全不同。然而桌腿上的力会直接作用到与桌面的连接点，大量的桌子损坏都发生在桌腿的连接点。

二、三角几案

◎操作难度：★★★☆☆

◎主要材料：20mm厚杉木板，30mm厚木龙骨。

◎辅助材料：M4×25螺钉、M4×35螺钉、白乳胶、水性木器漆、脚垫件。

◎机械工具：台锯、修边机、手电钻。

◎简要步骤：设计图纸→板材放样→裁切下料→钻孔→修边→拼接→组装。

顶视图

> 几案是中国古代传统家具中的一个极为重要的门类。最初几和案并没有明确的区分，周代后期有了"案"的称谓，大约在战国时期才出现了"几"的称谓。

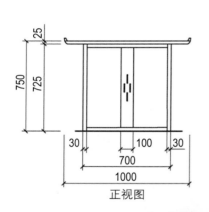

正视图

侧视图

↑三视图

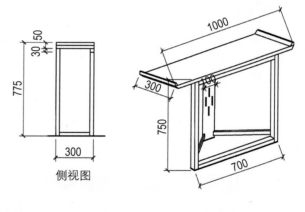

↑轴测图

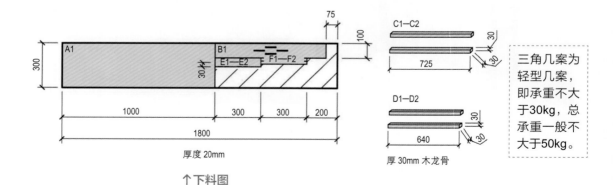

厚度20mm

↑下料图

厚30mm 木龙骨

> 三角几案为轻型几案，即承重不大于30kg，总承重一般不大于50kg。

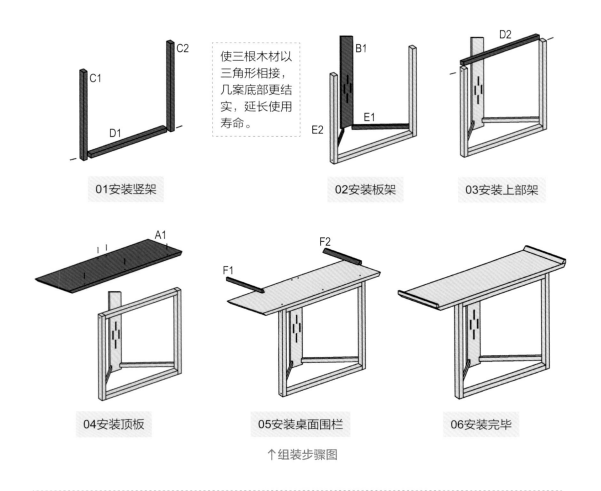

使三根木材以三角形相接，几案底部更结实，延长使用寿命。

01安装竖架

02安装板架

03安装上部架

04安装顶板

05安装桌面围栏

06安装完毕

↑组装步骤图

几案类家具兴起于唐宋，兴盛于明清，有方、圆之分，有三足、四足、五足及六足等款式，甚至还出现过一种桥梁连柱式茶几，高低相配。

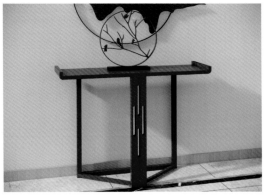

↑成品图

三、多层几案

◎操作难度：★ ★ ★ ☆ ☆

◎主要材料：30mm厚杉木板。

◎辅助材料：M4×25螺钉、M4×35螺钉、白乳胶、水性木器漆、脚垫件。

◎机械工具：台锯、修边机、手电钻。

◎简要步骤：设计图纸→板材放样→裁切下料→钻孔→修边→拼接→组装。

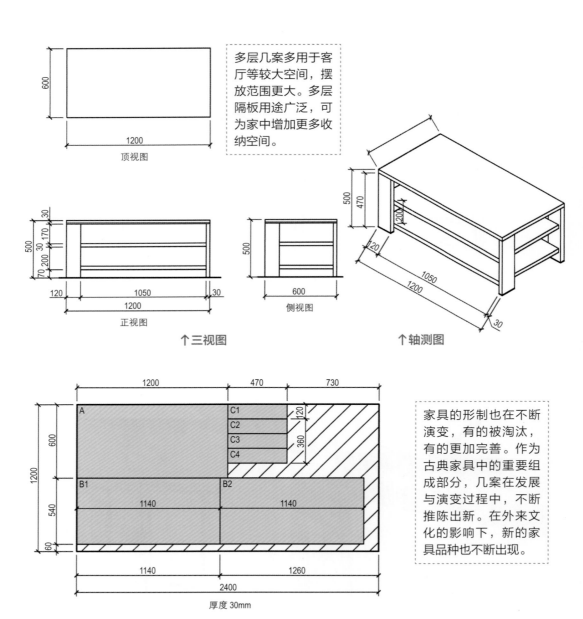

多层几案多用于客厅等较大空间，摆放范围更大。多层隔板用途广泛，可为家中增加更多收纳空间。

↑三视图

↑轴测图

家具的形制也在不断演变，有的被淘汰，有的更加完善。作为古典家具中的重要组成部分，几案在发展与演变过程中，不断推陈出新。在外来文化的影响下，新的家具品种也不断出现。

↑下料图

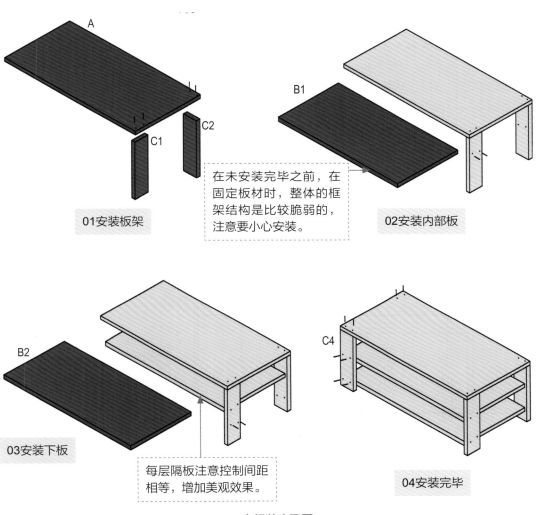

A

C1

C2

B1

01安装板架

在未安装完毕之前，在固定板材时，整体的框架结构是比较脆弱的，注意要小心安装。

02安装内部板

B2

03安装下板

每层隔板注意控制间距相等，增加美观效果。

C4

04安装完毕

↑组装步骤图

↑成品图

四、创意几何几案

◎操作难度：★ ★ ★ ★ ★

◎主要材料：30mm厚杉木板，厚40mm木龙骨。

◎辅助材料：M4×25螺钉、M4×35螺钉、白乳胶、水性木器漆、脚垫件。

◎机械工具：台锯、修边机、手电钻。

◎简要步骤：设计图纸→板材放样→裁切下料→钻孔→修边→拼接→组装。

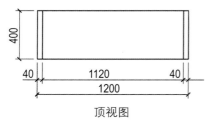

顶视图

> 几案类家具被赋予了一种高雅的意蕴，因此摆设于室内成为一种雅趣，是一种历史悠久的传统家具，更是鲜活的点睛之笔。

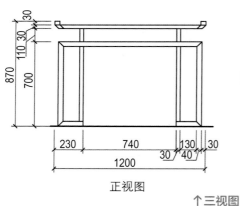

正视图

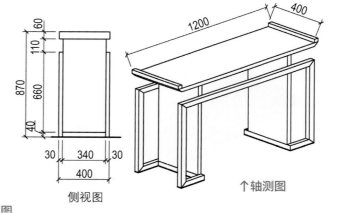

侧视图

↑轴测图

↑三视图

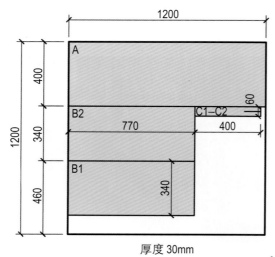

厚度30mm

↑下料图

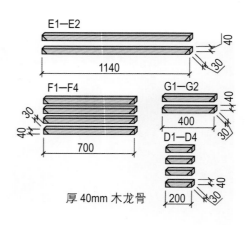

厚40mm木龙骨

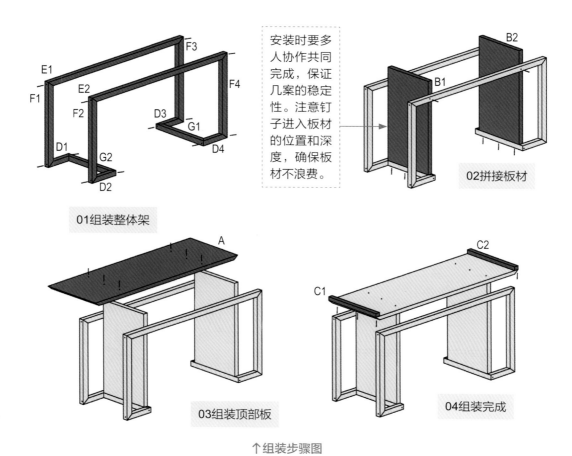

安装时要多人协作共同完成，保证几案的稳定性。注意钉子进入板材的位置和深度，确保板材不浪费。

01组装整体架

02拼接板材

03组装顶部板

04组装完成

↑组装步骤图

现代风格几案家具设计强调功能性，线条简约、流畅，色彩对比强烈。几案是一种长方形、下有足的承托家具。案面两端设有小翘头，两端的双腿以横枨相连，四腿与案面以夹头榫相连，既简洁牢固又美观实用。

↑成品图

五、简易几案

◎**操作难度：**★★★☆☆

◎**主要材料：**30mm厚杉木板，厚50mm木龙骨。

◎**辅助材料：**M4×25螺钉、M4×35螺钉、白乳胶、水性木器漆、脚垫件。

◎**机械工具：**台锯、修边机、手电钻。

◎**简要步骤：**设计图纸→板材放样→裁切下料→钻孔→修边→拼接→组装。

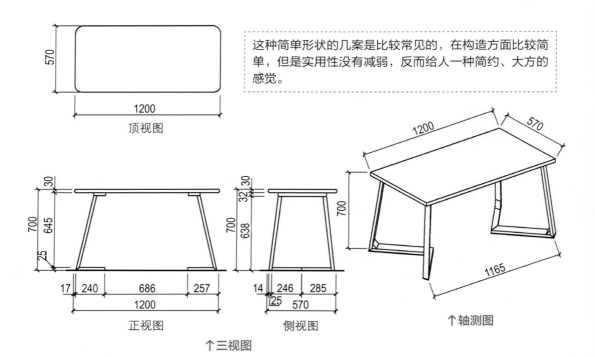

这种简单形状的几案是比较常见的，在构造方面比较简单，但是实用性没有减弱，反而给人一种简约、大方的感觉。

↑三视图

↑轴测图

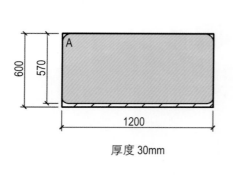

厚度 30mm

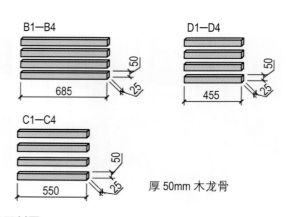

厚 50mm 木龙骨

↑下料图

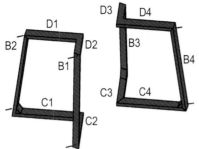

01组装整体架

几案成本低、重量轻，自由组合度高，安全可靠。简单组装后几案可单独使用。几案类红木家具形式多种多样，造型古朴、方正。它包括高几和矮几，高几以香几、茶几和花几最为常见。

02组装上板

03安装完毕

↑组装步骤图

↑成品图

六、隔板几案

◎ 操作难度：★ ★ ★ ★ ☆

◎ 主要材料：20mm厚杉木板，30mm厚木龙骨。

◎ 辅助材料：M4×25螺钉、M4×35螺钉、白乳胶、水性木器漆、脚垫件。

◎ 机械工具：台锯、修边机、手电钻。

◎ 简要步骤：设计图纸→板材放样→裁切下料→钻孔→修边→拼接→组装。

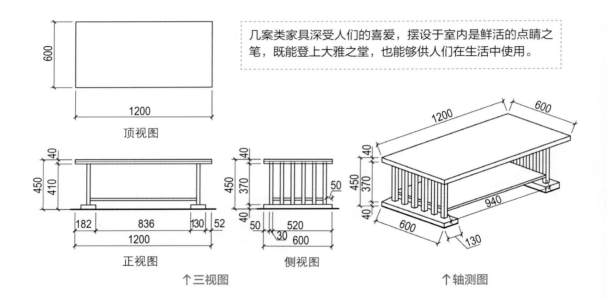

几案类家具深受人们的喜爱，摆设于室内是鲜活的点睛之笔，既能登上大雅之堂，也能够供人们在生活中使用。

↑三视图

↑轴测图

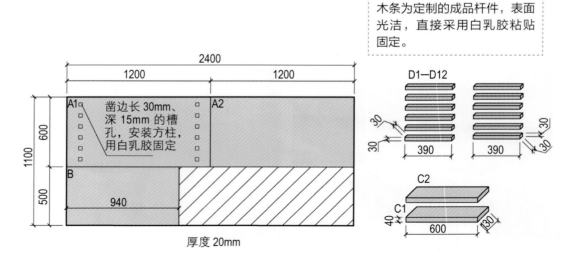

木条为定制的成品杆件，表面光洁，直接采用白乳胶粘贴固定。

↑下料图

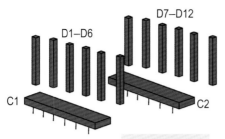

01组装整体架

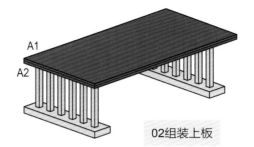

02组装上板

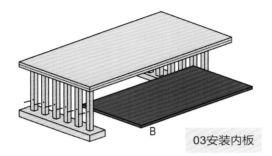

03安装内板

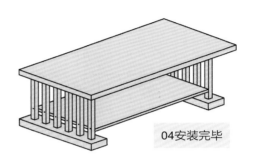

04安装完毕

↑组装步骤图

↑成品图

七、北欧风茶几

◎ 操作难度：★ ★ ★ ☆ ☆

◎ 主要材料：20mm厚杉木板。

◎ 辅助材料：M4×25螺钉、M4×35螺钉、白乳胶、水性木器漆、脚垫件。

◎ 机械工具：台锯、修边机、手电钻。

◎ 简要步骤：设计图纸→板材放样→裁切下料→钻孔→拼接→组装。

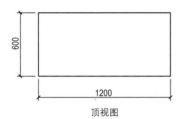

顶视图

> 茶几采用斗柜式储物，为隐蔽且开放式储物空间，放在客厅里不显得繁杂，不会产生拥挤感；同时，还能满足一部分收纳需求，桌面可摆上装饰物品，使桌面空余的地方饱满起来。

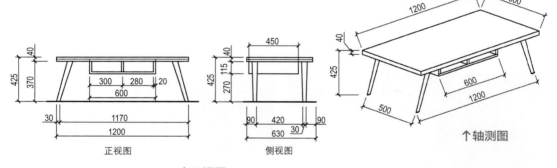

↑三视图

正视图　　　侧视图　　　↑轴测图

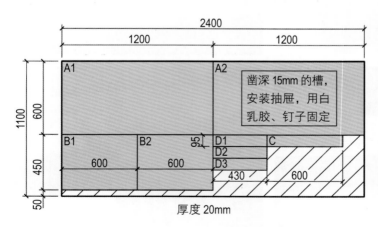

> 购买板材时，要杜绝弯曲变形的板材。弯曲变形的板材切割难度大，容易造成缺陷，影响成品家具的外观，并增加了制作难度，耽误制作进度。

A2处：凿深15mm的槽，安装抽屉，用白乳胶、钉子固定

厚度20mm

↑下料图

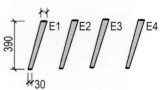

01外围板件组装

02组装斗柜

当外围板件组装完毕之后，在组装上板时，要注意控制好外围板的位置。安装斗柜的时候，斗柜表面侧板增加压条，采用白乳胶粘贴，具有防尘功能。

茶几面板下部安装储物格，能提升茶几的储物功能，造型简洁，结构稳定。

03桌体组装

↑组装步骤图

↑成品图

八、中式茶几

◎ **操作难度：** ★ ★ ★ ☆ ☆

◎ **主要材料：** 20mm厚红木板。

◎ **辅助材料：** M4×25螺钉、M4×35螺钉、白乳胶、水性木器漆、脚垫件、抽屉滑轨。

◎ **机械工具：** 台锯、修边机、手电钻。

◎ **简要步骤：** 设计图纸→板材放样→裁切下料→钻孔→拼接→组装。

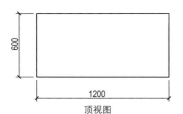

中式家具能给家里带来独特的气质，将家营造出"韵味"。
中式家具更突出的特点就是气势恢宏。

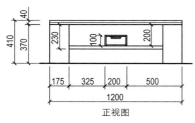

↑三视图

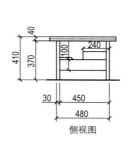

↑轴测图

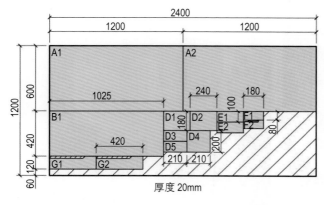

↑下料图

中国人常用红色代表喜庆、富足。红木的纹理美观，大多数红木带有芬芳气味，表现出特有的高档品质。

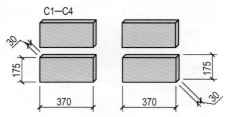

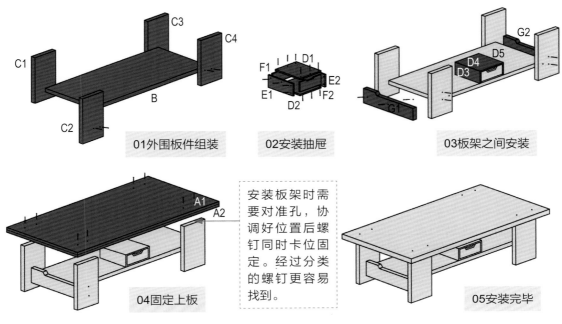

C3
C4
C1
B
C2
01外围板件组装

F1　D1
E2
E1　F2
D2
02安装抽屉

G2
D5
D4
D3
G1
03板架之间安装

A1
A2
04固定上板

安装板架时需要对准孔，协调好位置后螺钉同时卡位固定。经过分类的螺钉更容易找到。

05安装完毕

↑组装步骤图

↑成品图

九、黄花梨木桌几

◎操作难度：★ ★ ★ ☆ ☆

◎主要材料：30mm厚花梨木板。

◎辅助材料：M4×25螺钉、M4×35螺钉、白乳胶、水性木器漆、脚垫件。

◎机械工具：台锯、修边机、手电钻。

◎简要步骤：设计图纸→板材放样→裁切下料→钻孔→拼接→组装。

顶视图

> 这个形状的桌几简约大方，可放在玄关处或是过道间代替储物架，满足功能的同时又美观，还使空间显得饱满。

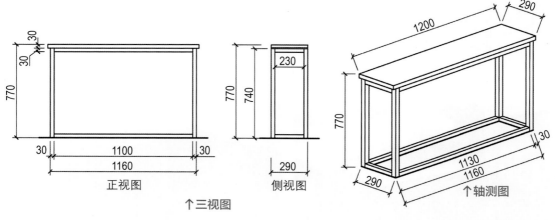

正视图　　　侧视图

↑三视图　　　　　↑轴测图

> 选用30mm厚花梨木板制作不易开裂，易于加工，不易变形，易于雕刻，纹理清晰自然，具有特殊的香味。

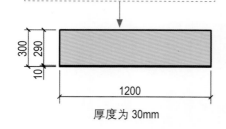

厚度为30mm

> 该桌几的形状简约，制作板材时不需要过多的切割形状，安装、制作简易方便。

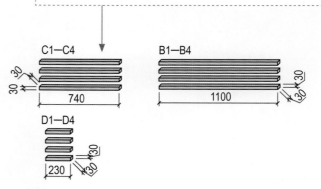

↑下料图

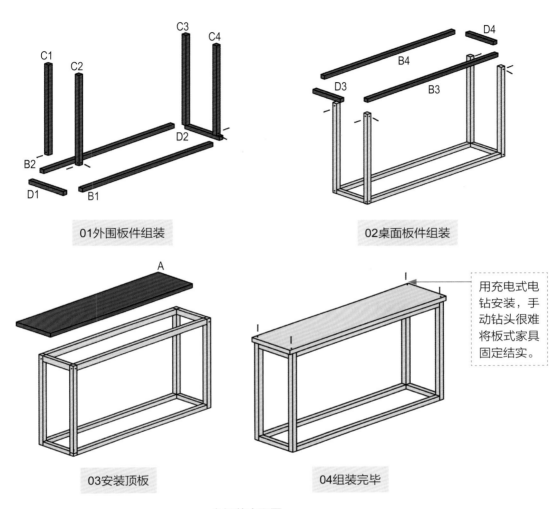

01外围板件组装

02桌面板件组装

03安装顶板

04组装完毕

用充电式电钻安装，手动钻头很难将板式家具固定结实。

↑组装步骤图

↑成品图

第六节 椅凳类家具

　　椅是有靠背的坐具的总称，其式样和大小多样，形式大体有靠背椅、扶手椅、圈椅和交椅等，垂足而坐的椅、凳、墩等家具在人们日常生活中十分普及。各个历史时期的椅的风格和特色也有所不同。宋代的椅凳类家具造型淳朴纤秀，结构合理精细。明代在继承宋代传统工艺的基础上，推陈出新，在造型上讲究简洁、朴实。清代椅凳类家具则渐渐脱离明代风格，追求富丽华贵。

一、圆板凳

◎操作难度：★☆☆☆☆

◎主要材料：20mm厚黄柏木板。

◎辅助材料：M4×25螺钉、M4×35螺钉、白乳胶、水性木器漆、脚垫件。

◎机械工具：台锯、修边机、手电钻。

◎简要步骤：设计图纸→板材放样→裁切下料→钻孔→拼接→组装。

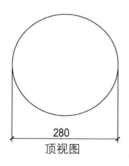

顶视图

黄柏木被誉为"木中之王"。黄柏木的光泽好，纹理直，加工性能好，材色花纹均匀美观，胶接性能良好，不易劈裂，耐腐性好。黄柏木硬度适中，不易变形。

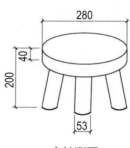

↑轴测图

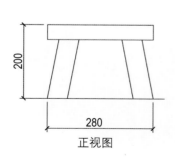

正视图

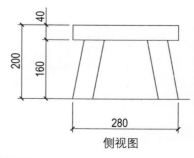

侧视图

↑三视图

板凳是家里最实用的家具之一，可以摆放在客厅的沙发旁、入户门的玄关处。小板凳不占空间，利用率高。

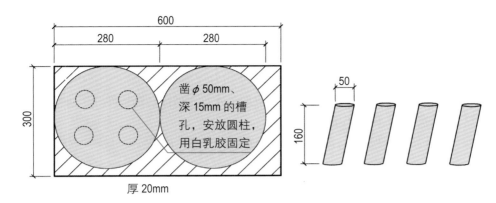

厚 20mm

凿 φ50mm、深 15mm 的槽孔，安放圆柱，用白乳胶固定

↑下料图

做完整个小板凳后对它进行净面与打磨，将板凳面板清理干净并打磨光滑。组装好后，与组装步骤图进行对照与校准。安装板架时需要对准孔，协调好位置后螺钉同时卡位固定。

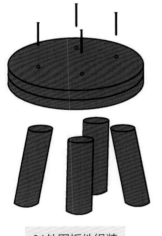

01外围板件组装

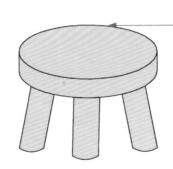

02安装完成

↑组装步骤图

↑成品图

二、长板凳

◎操作难度：★ ☆ ☆ ☆ ☆

◎主要材料：45mm厚黄柏木板、30mm厚黄柏木板、20mm厚黄柏木板、12mm厚黄柏木板。

◎辅助材料：M4×25螺钉、M4×35螺钉、白乳胶、水性木器漆、脚垫件。

◎机械工具：台锯、修边机、手电钻。

◎简要步骤：设计图纸→板材放样→裁切下料→钻孔→拼接→组装。

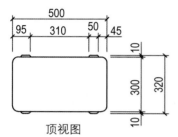

顶视图

长板凳的制作非常简单，只需要将板材打磨光滑，切割成长方形，再组装。在制作完成后需要在表面涂上桐油就完成了。采用好一点的复合板材，打磨上漆过后毛刺问题不大，视觉效果和一些实木层叠家具差不多。

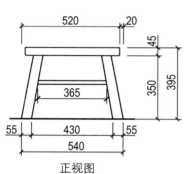

正视图　　　　　　↑三视图　　　　↑轴测图

侧视图

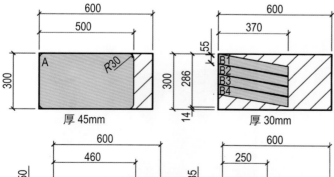

厚45mm　　　　　　厚30mm

在切割前，板材表面需要用砂纸反复打磨与抛光，去除表面的毛刺。还要处理板材上的胶黏剂，消除表面因刀痕、裂纹、孔洞产生的瑕疵。

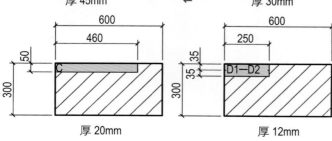

厚20mm　　　　　　厚12mm　　　　←下料图

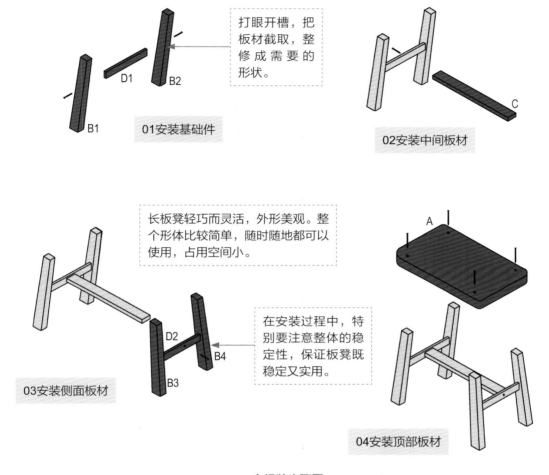

打眼开槽，把板材截取，整修成需要的形状。

D1 B2

B1

01安装基础件

C

02安装中间板材

长板凳轻巧而灵活，外形美观。整个形体比较简单，随时随地都可以使用，占用空间小。

A

在安装过程中，特别要注意整体的稳定性，保证板凳既稳定又实用。

D2
B4
B3

03安装侧面板材

04安装顶部板材

↑组装步骤图

↑成品图

三、方板凳

◎操作难度：★★☆☆☆
◎主要材料：40mm厚杉木板、30mm厚杉木板、15mm厚杉木板、杉木木方。
◎辅助材料：M4×25螺钉、M4×35螺钉、白乳胶、水性木器漆、脚垫件。
◎机械工具：台锯、修边机、手电钻。
◎简要步骤：设计图纸→板材放样→裁切下料→钻孔→修边→拼接→组装。

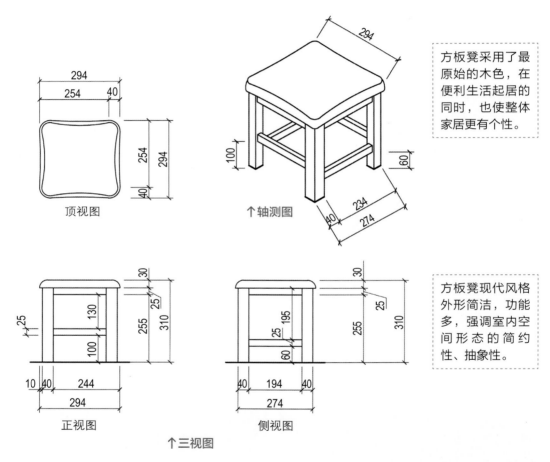

顶视图

↑轴测图

方板凳采用了最原始的木色，在便利生活起居的同时，也使整体家居更有个性。

正视图

侧视图

↑三视图

方板凳现代风格外形简洁，功能多，强调室内空间形态的简约性、抽象性。

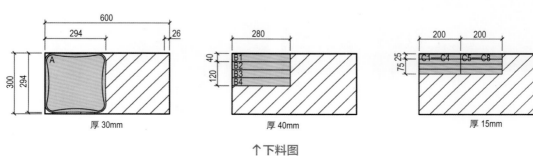

厚30mm

厚40mm

厚15mm

↑下料图

家具对孔眼尺寸要求十分严格，各种螺母与榫销的固定孔应比螺母、榫销的公称尺寸大1mm，才能得到组装时的适量配合与保证产品的装配强度和外观质量。

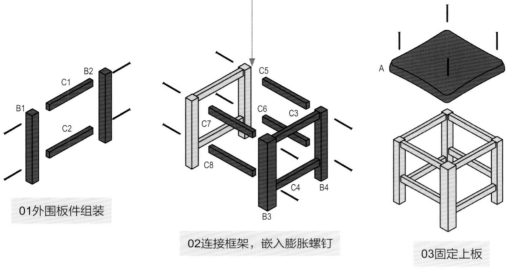

01外围板件组装

02连接框架，嵌入膨胀螺钉

03固定上板

↑组装步骤图

↑成品图

四、吧台高椅

◎ **操作难度**：★ ★ ★ ★ ☆

◎ **主要材料**：25mm厚杉木板、20mm厚杉木板、15mm厚杉木板、杉木木方。

◎ **辅助材料**：M4×25螺钉、M4×35螺钉、白乳胶、水性木器漆、脚垫件。

◎ **机械工具**：台锯、修边机、手电钻。

◎ **简要步骤**：设计图纸→板材放样→裁切下料→钻孔→修边→拼接→组装。

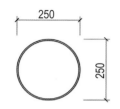

顶视图

吧台高椅最初适用于酒吧和各种娱乐场所，如今也经常运用于家居，会给整体家居风格增添轻松氛围。

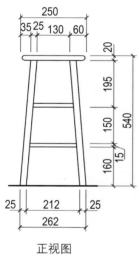

正视图　　　侧视图　　　↑轴测图

↑三视图

杉木木材质软，易于加工，选材时应注意板材厚度要求。杉木因其较常见，故价格比较实惠。

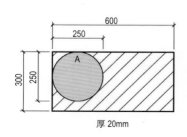

厚 20mm

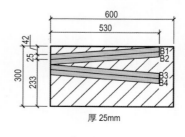

厚 25mm

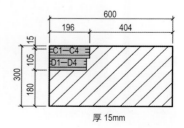

厚 15mm

↑下料图

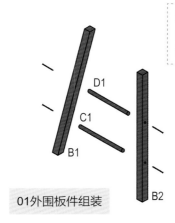

这类高椅可作为家庭开放式厨房吧台的餐椅，既舒适又独具个性。

01外围板件组装

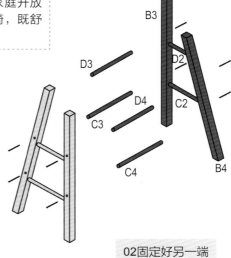

02固定好另一端

杉木家具有天然原木清香，能够消除人体疲劳，舒缓压力。除此之外，杉木家具木纹通直，结构均匀。杉木家具在外观效果上非常美观，实木效果强。

03安装顶部

↑组装步骤图

↑成品图

五、矮靠椅

◎ **操作难度：** ★ ★ ★ ☆ ☆
◎ **主要材料：** 30mm厚杉木板、20mm厚杉木板、12mm厚杉木板、杉木木方。
◎ **辅助材料：** M4×25螺钉、M4×35螺钉、白乳胶、水性木器漆、脚垫件。
◎ **机械工具：** 台锯、修边机、手电钻。
◎ **简要步骤：** 设计图纸→板材放样→裁切下料→钻孔→修边→拼接→组装。

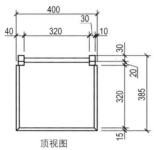

顶视图

这类靠椅适合摆放在茶几旁，或者阳台处。在日常生活中十分实用，也很常见。

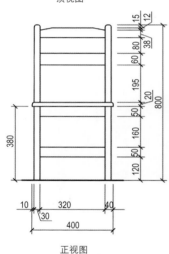

正视图　　　　侧视图

↑三视图

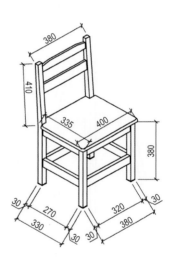

↑轴测图

在切割前，板材表面需要用砂纸反复打磨与抛光，去除表面的毛刺。处理板材上的胶黏剂时，应消除表面因刀痕、裂纹、孔洞产生的瑕疵。选材时注意板材厚度要求。

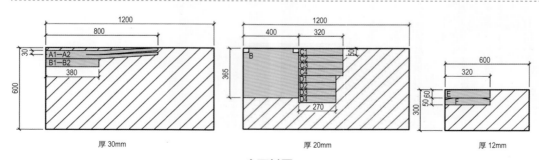

厚30mm　　　　厚20mm　　　　厚12mm

↑下料图

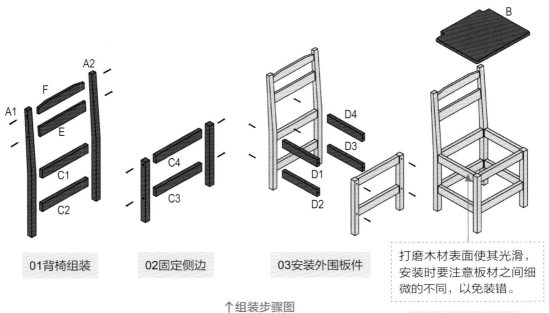

01背椅组装

02固定侧边

03安装外围板件

打磨木材表面使其光滑，安装时要注意板材之间细微的不同，以免装错。

↑组装步骤图

04安装板凳的凳面

↑成品图

六、高靠椅

◎ **操作难度：** ★ ★ ★ ☆ ☆
◎ **主要材料：** 25mm厚杉木板、20mm厚杉木板、18mm厚杉木板、杉木木方。
◎ **辅助材料：** M4×25螺钉、M4×35螺钉、白乳胶、水性木器漆、脚垫件。
◎ **机械工具：** 台锯、修边机、手电钻。
◎ **简要步骤：** 设计图纸→板材放样→裁切下料→钻孔→修边→拼接→组装。

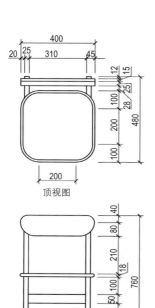

这类椅子可作为餐椅，或者作为学习椅与书桌搭配。倾斜和靠背的设计更加适合人们的日常坐姿，减少不良坐姿的发生。简单的样式和木纹搭配展现现代家居风格。

杉木家具的材质比较轻软，需要注意保养。

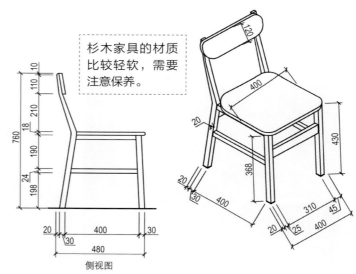

↑三视图

↑轴测图

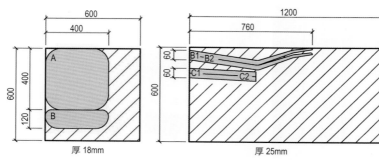

椅腿有特殊造型，木材需要单独选取和切割。

↑下料图

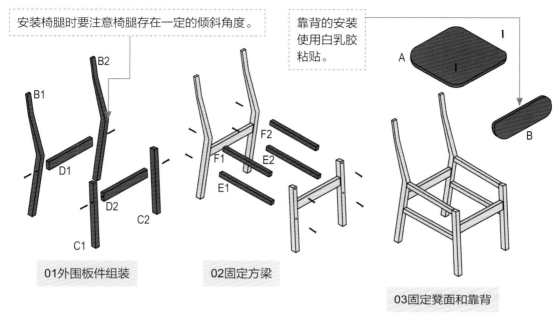

安装椅腿时要注意椅腿存在一定的倾斜角度。

靠背的安装使用白乳胶粘贴。

01外围板件组装

02固定方梁

03固定凳面和靠背

↑组装步骤图

木工小贴士

环境的湿度对实木家具安装有很大影响。环境湿度过大，如阴雨天，在实木家具安装时，容易让水汽进入家具各部位的实木衔接面、金属固定器件，让家具容易受到虫蛀，发生霉烂，金属器件也会容易生锈。此类家具保养起来需要频繁一些。由于杉木的本身颜色比较淡，比较不耐脏，所以需要经常对其进行保养。

↑成品图

七、简约躺椅

◎**操作难度**：★ ★ ★ ☆

◎**主要材料**：40mm厚杉木板、20mm厚杉木板、杉木木方。

◎**辅助材料**：M4×25螺钉、M4×35螺钉、白乳胶、水性木器漆、脚垫件。

◎**机械工具**：台锯、修边机、手电钻。

◎**简要步骤**：设计图纸→板材放样→裁切下料→钻孔→修边→拼接→组装。

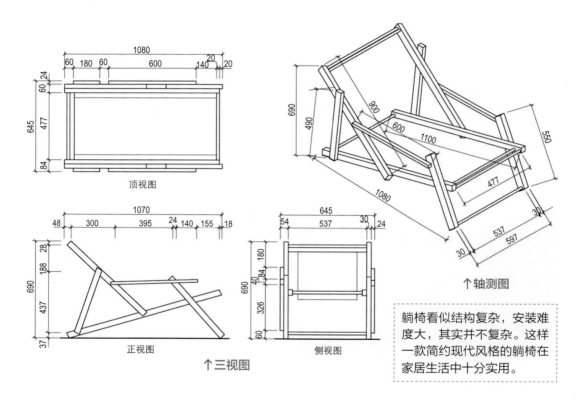

↑顶视图

↑轴测图

↑三视图

↑正视图

↑侧视图

躺椅看似结构复杂，安装难度大，其实并不复杂。这样一款简约现代风格的躺椅在家居生活中十分实用。

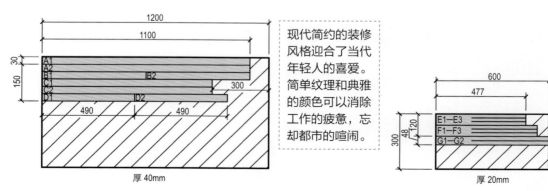

厚 40mm

现代简约的装修风格迎合了当代年轻人的喜爱。简单纹理和典雅的颜色可以消除工作的疲惫，忘却都市的喧闹。

厚 20mm

↑下料图

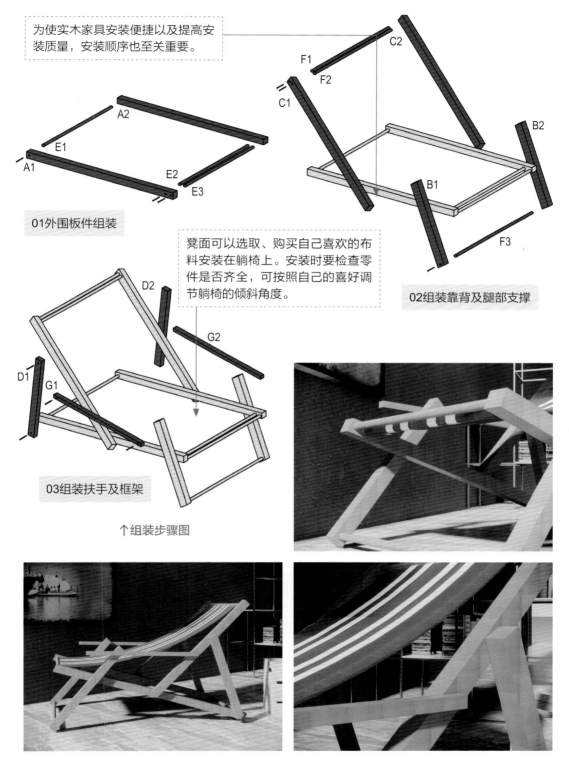

为使实木家具安装便捷以及提高安装质量，安装顺序也至关重要。

A2

E1

A2

E2

E3

01外围板件组装

C2

F1

F2

C1

B2

B1

F3

凳面可以选取、购买自己喜欢的布料安装在躺椅上。安装时要检查零件是否齐全，可按照自己的喜好调节躺椅的倾斜角度。

02组装靠背及腿部支撑

D2

G2

D1

G1

03组装扶手及框架

↑组装步骤图

↑成品图

八、折叠田园板凳

◎操作难度：★★☆☆☆

◎主要材料：15mm厚杉木板、12mm厚杉木板。

◎辅助材料：M4×25螺钉、M4×35螺钉、水性木器漆、白乳胶、粗细砂纸。

◎机械工具：台锯、手电钻、修边机、刨子。

◎简要步骤：设计图纸→板材放样→裁切下料→磨边→钻孔→拼接→组装。

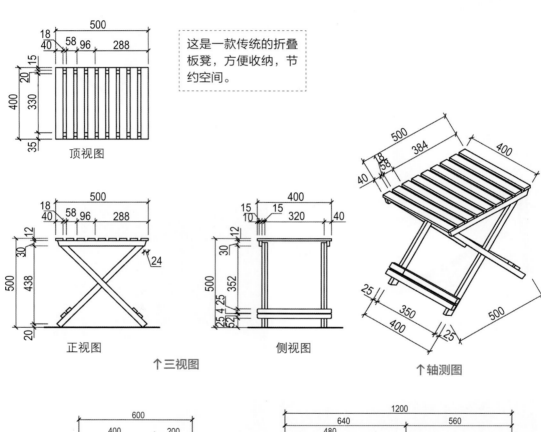

这是一款传统的折叠板凳，方便收纳，节约空间。

顶视图

正视图

侧视图

↑三视图

↑轴测图

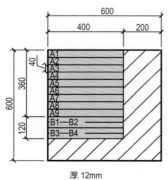

厚12mm

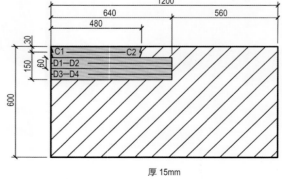

厚15mm

↑下料图

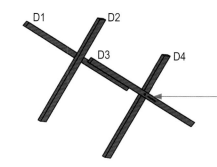

折叠板凳小巧便携，节约空间。在安装底部框架时，需要注意的是加强稳固性。因为整个板凳的受力都在底部的框架上面，在打孔的过程中要注意框架木材的宽度、打孔机的直径不宜过大。注意螺钉和螺母，确认这两条腿安装完全，螺栓装入凳腿后拧紧。

01底部框架组装

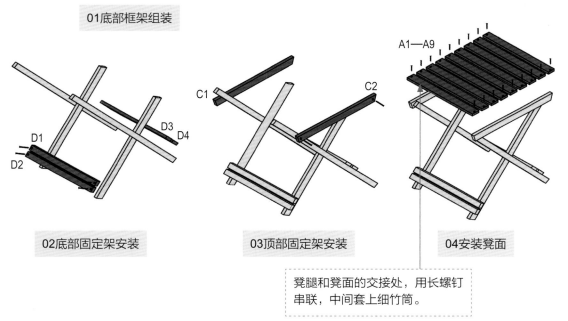

02底部固定架安装　　　03顶部固定架安装　　　04安装凳面

凳腿和凳面的交接处，用长螺钉串联，中间套上细竹筒。

↑组装步骤图

↑成品图

九、木质长板凳

◎操作难度：★ ★ ☆ ☆ ☆

◎主要材料：20mm厚杉木板、15mm厚杉木板、10mm厚杉木板。

◎辅助材料：M4×25螺钉、M4×35螺钉、白乳胶、粗细砂纸、油性漆。

◎机械工具：台锯、手电钻、修边机、角磨机。

◎简要步骤：设计图纸→板材放样→裁切下料→磨边→钻孔→拼接→组装。

顶视图

长板凳的外观造型呈长方形，线条饱满顺畅，显得很有质感。其保留了原材料的天然纹理，自然美观，在精致设计之中融入了时尚。

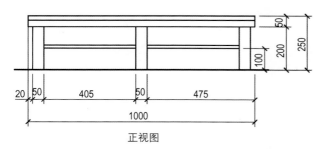

正视图　　　　　　　　　侧视图

↑三视图

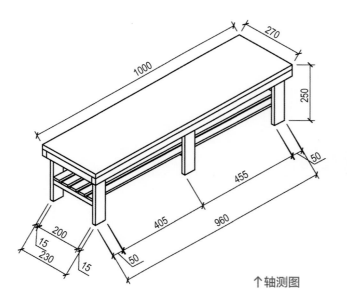

↑轴测图

制作长板凳要选取合适的材料，板凳的木材不能太软，选好之后净料，将木材修整成需要的尺寸和形状并画好线。根据设计图打眼和开槽，将板材按设计图进行组装和校准。

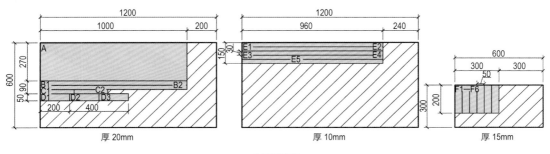

↑下料图

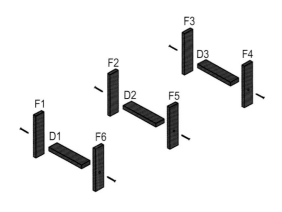

01底部脚架组装

长板凳的长度比较长，可以容纳多人，所以需要更加有承受能力的底座进行支撑。应安装底部固定架以增加板凳的稳定性。

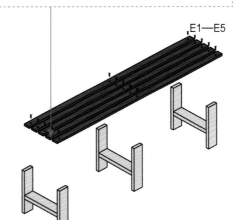

02安装底部固定架

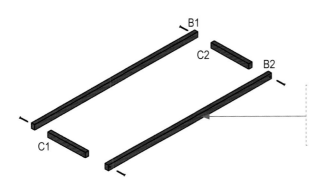

03安装顶部框架

关于顶部框架的安装，要注意的是在安装过程中要以螺栓的位置和整体框架的稳固性为重点，确保框架起到固定顶板的作用。

04安装顶部木板

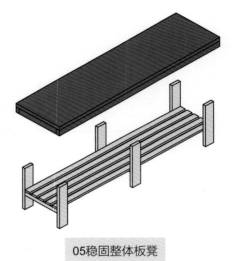

05稳固整体板凳

↑组装步骤图

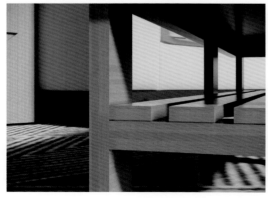

长板凳的起源非常早，最初的长板凳就是用一块瘦瘦长长的木板，加上四根脚柱就拼凑成了一只板凳。木板是凳面，在木板接近两端的地方钻出四个孔，一个孔里插进一根脚柱。如今板凳仍在不断发展。这款新型的板凳更能满足人们日常生活的需求。

↑成品图

床类家具包括罗汉床、平板床、四柱床、双层床、沙发床等。一张高品质床的基础主要在于床基。采用木工工艺制作床时，主要是制作床基，要求牢固、稳定，整个制作工艺比较复杂。

一、木质双人床

◎操作难度：★ ★ ★ ★ ☆

◎主要材料：18mm厚杉木板。

◎辅助材料：M4×25螺钉、M4×35螺钉、水性木器漆、白乳胶、油性漆。

◎机械工具：台锯、手电钻、平刨和压刨、修边机、角磨机、木工桌与支撑件。

◎简要步骤：设计图纸→板材放样→裁切下料→磨边→钻孔→拼接→组装。

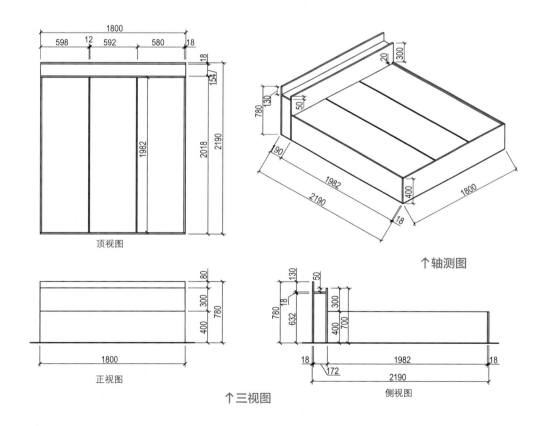

顶视图

↑轴测图

正视图

↑三视图

侧视图

床一般在卧室、宿舍等场所使用，是指供睡觉用的家具。以木材或不锈钢等金属为材料，以床头、床尾、床腿、床板等为组件。

床的整体设计简约、大方，方便使用，放在卧室比较温馨。另外，床的箱体部分可以放置杂物，具有充实的储藏空间。

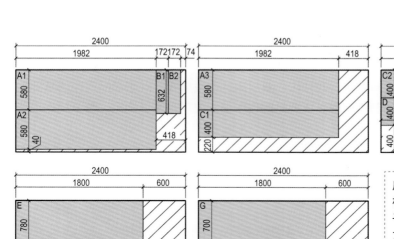

厚 18mm

↑下料图

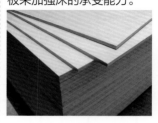

床的木材选择了18mm厚的材料。床不同于日常的桌子、椅子等，所需要的承重力较大。因此，应选择厚木板来加强床的承受能力。

安装四周床板时要注意床板要放置在平整的地面上。

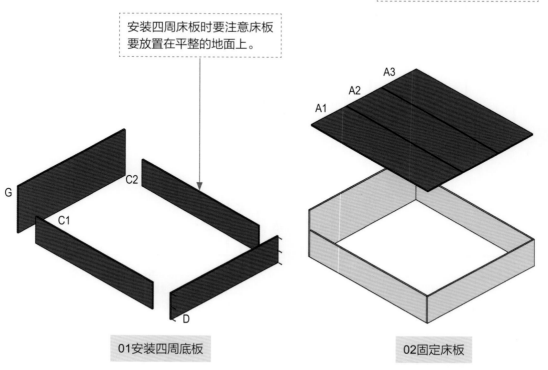

01安装四周底板

02固定床板

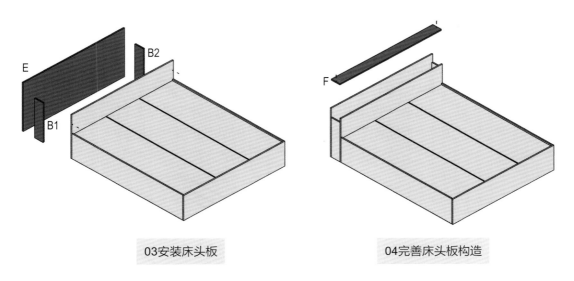

03安装床头板　　　　04完善床头板构造

↑组装步骤图

↑成品图

二、木质储藏床

◎ 操作难度：★ ★ ★ ★ ★

◎ 主要材料：18mm厚杉木板。

◎ 辅助材料：M4×25螺钉、M4×35螺钉、水性木器漆、白乳胶、油性漆。

◎ 机械工具：台锯、手电钻、平刨和压刨、修边机、角磨机、木工桌与支撑件。

◎ 简要步骤：设计图纸→板材放样→裁切下料→磨边→钻孔→拼接→组装。

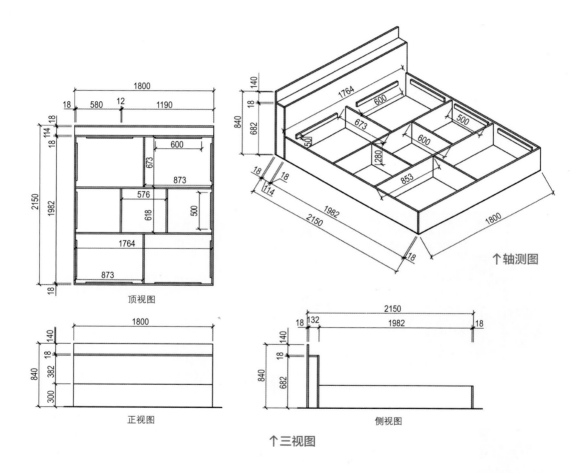

顶视图

↑轴测图

正视图　　　　　　　　　側视图

↑三视图

木工小贴士

　　双人床分为标准双人床和加大双人床。标准双人床床垫尺寸为1500mm×1900mm，加大双人床尺寸为1800mm×2000mm或2000mm×2200mm。

床的箱体储物空间较大，只需要掀起床板就可以取放物品，适合收纳不经常用到的床品或衣物。

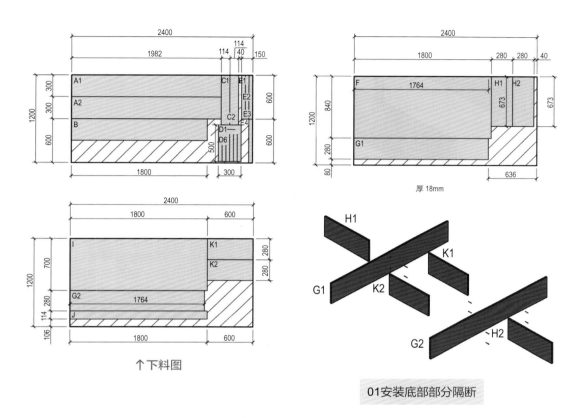

↑下料图

01安装底部部分隔断

最基础的部分主要用于后期使用过程中的储藏。一定要安装结实，让整个板架具有良好的稳定性和牢固性。

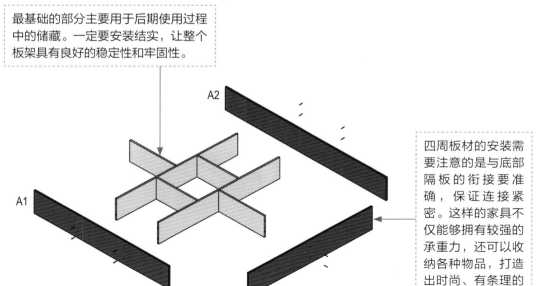

四周板材的安装需要注意的是与底部隔板的衔接要准确，保证连接紧密。这样的家具不仅能够拥有较强的承重力，还可以收纳各种物品，打造出时尚、有条理的生活空间。

02安装周围板材

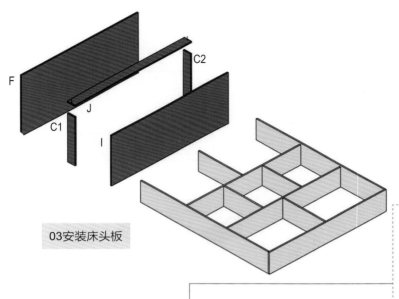

03安装床头板

床的储藏功能主要集中在床的箱体结构中，采用板材分隔后能用于储物。硬质床垫可直接放置在箱体上，或采用拼接式床板搁置在箱体周边板条上，形成稳固的支撑构造。

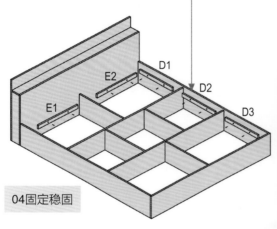

04固定稳固

↑组装步骤图

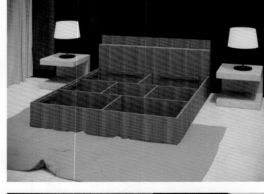

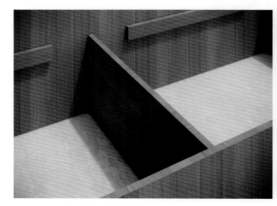

↑成品图

三、木质地台双人床

◎ **操作难度：** ★ ★ ★ ★ ★

◎ **主要材料：** 25mm厚杉木板。

◎ **辅助材料：** M4×25螺钉、M4×35螺钉、水性木器漆、白乳胶、油性漆。

◎ **机械工具：** 台锯、手电钻、平刨和压刨、修边机、角磨机、木工桌与支撑件。

◎ **简要步骤：** 设计图纸→板材放样→裁切下料→磨边→钻孔→拼接→组装。

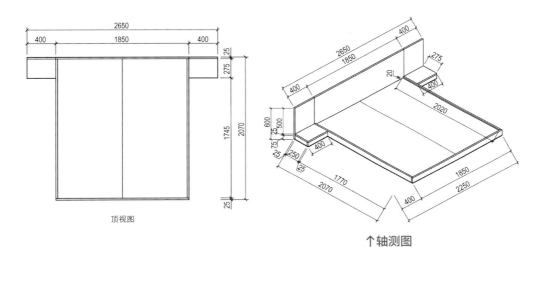

↑**轴测图**

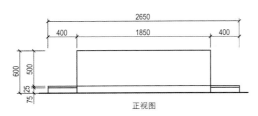

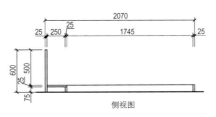

↑**三视图**

矮床设计近年来深受人们的欢迎。降低重心的矮床，可以增强居住者心理上的稳定感和安全感，满足人们对卧室温馨、舒适、私密性的需求。无论看电视、看书还是休息、聊天，这种席地而坐的方式，让人有种回归自然的感觉。

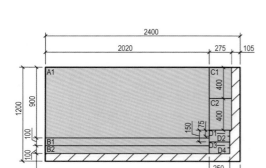

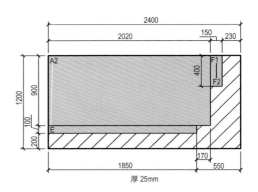

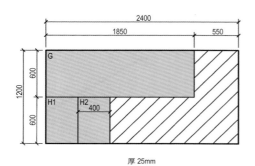

厚 25mm

在地台床安装过程中要注意的是底部距离地面的部分要采取分离措施，这样睡在床上不会感觉到潮湿。地台床离地面近，离天花板远，可以有效拉开床和天花板之间的距离，会使整体环境更宽阔，令人有一种豁然开朗的感觉。

↑下料图

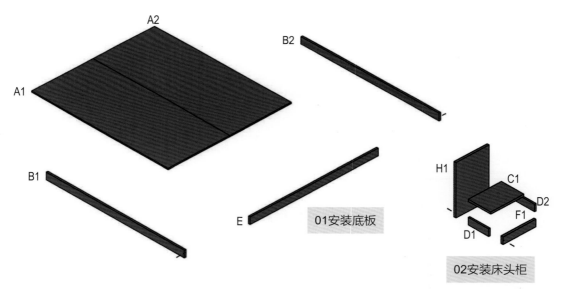

01安装底板

02安装床头柜

木工小贴士

地台床具有节省空间、安全性高的优点；同时，还兼具美观性与实用性，对于小户型住宅来说是一个很好的选择。但是，缺点是容易受潮，所以使用时要定期开窗通风。

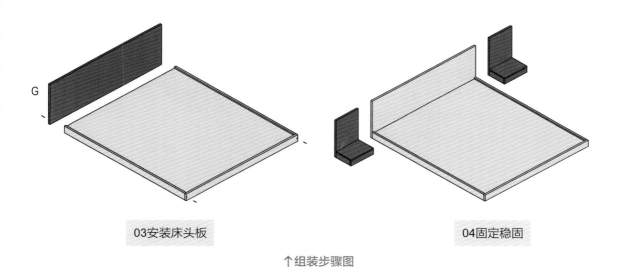

03安装床头板   04固定稳固

↑组装步骤图

矮床特别适合幼儿使用，就算小孩子顽皮，不小心跌落到地上，也基本不会受到伤害。

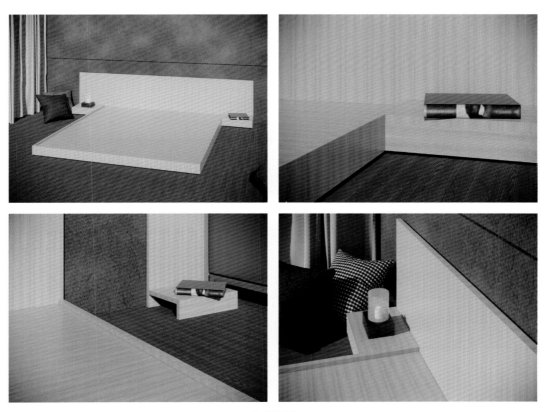

↑成品图

四、简约骨架床

◎操作难度：★★★★★

◎主要材料：18mm厚杉木板、30mm厚杉木板、90mm厚榉木龙骨。

◎辅助材料：M4×25螺钉、M4×35螺钉、白乳胶、水性木器漆、脚垫件。

◎机械工具：台锯、修边机、手电钻。

◎简要步骤：设计图纸→板材放样→裁切下料→钻孔→拼接→组装。

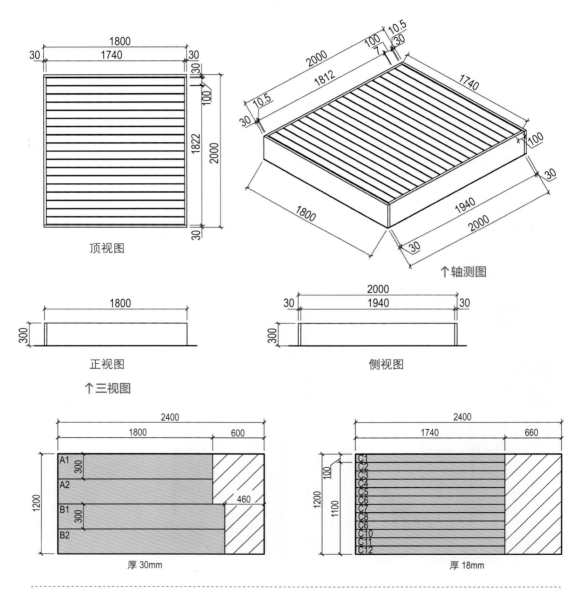

杉木板厚实，实木木纹给人厚重、温暖的感觉。其为实木条直接连接而成，因此比大芯板更环保，更耐潮湿。30mm厚木板，结实、抗压。

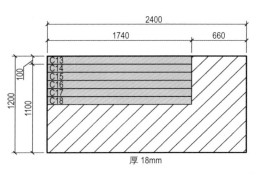

↑下料图

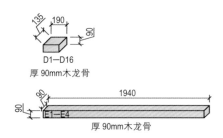

厚90mm木龙骨

厚90mm木龙骨

18mm厚杉木板具有较强的亲和力，家具中大多数板材为横向纹理，因此板件以横向布局为主。板材下料尽量贴着边缘布局裁切，如果板材边缘有破损，再考虑从中间布料。

床是必不可少的家具。从设计上来说骨架床相对轻便，而且外观时尚、美观，造型上精致、典雅，风格也比较多样，中式古典、欧式古典风格的骨架床看上去都非常美观。缺点是储存空间不大，因此适合面积较大的卧室。

A2

A1　B1

B2

01组装外板

E1
E2
E3
E4

D1—D4
D5—D8
D9—D12
D13—D16

02安装分割架

C1—C18

03安装床板

↑组装步骤图

↑成品图

以加大双人床尺寸1800mm×2000mm为例，所配被套或床单一般为2000mm×2300mm或2200mm×2400mm，被芯尺寸同被套或长宽小于200mm以内都可正常使用。品牌床品包装上会注明具体套件的每件规格，床单一般需用（2400～2650mm）×2500mm的尺寸。

五、现代单用床

◎操作难度：★★★☆☆

◎主要材料：50mm厚杉木板、20mm厚杉木板。

◎辅助材料：M4×25螺钉、M4×35螺钉、白乳胶、水性木器漆、脚垫件。

◎机械工具：台锯、修边机、手电钻。

◎简要步骤：设计图纸→板材放样→裁切下料→钻孔→拼接→组装。

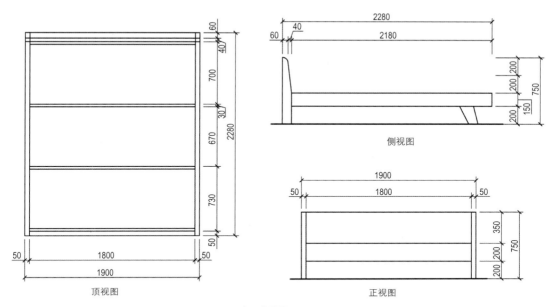

顶视图

侧视图

正视图

↑三视图

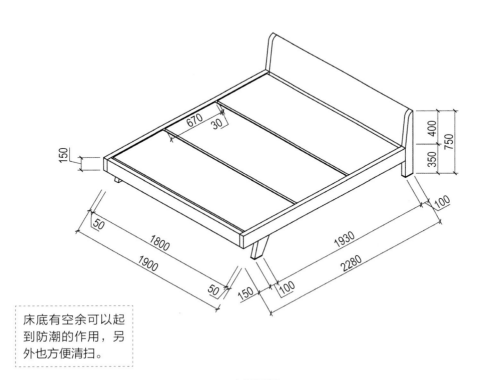

床底有空余可以起到防潮的作用，另外也方便清扫。

↑轴测图

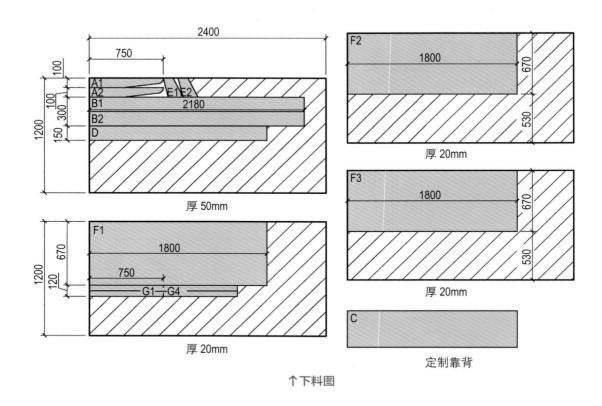

↑下料图

20mm厚杉木板，能够很好承重。50mm厚木板用于外床框，结实、牢固，较厚的木板可以加强稳定性。

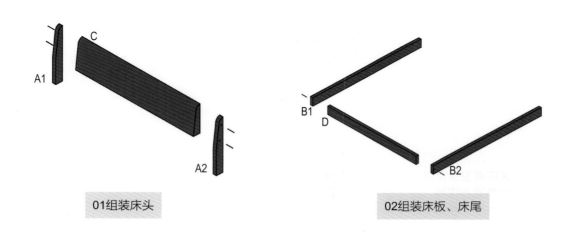

01组装床头

02组装床板、床尾

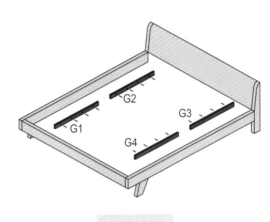

03 安装床腿

04 安装支撑

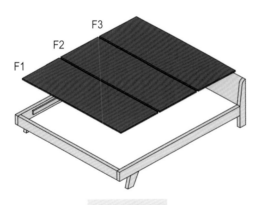

05 安装床板

↑组装步骤图

↑成品图

六、现代多用床

◎**操作难度：** ★★★★☆

◎**主要材料：** 30mm厚杉木板 、25mm厚杉木板。

◎**辅助材料：** M4×25螺钉、M4×35螺钉、白乳胶、水性木器漆、脚垫件。

◎**机械工具：** 台锯、修边机、手电钻。

◎**简要步骤：** 设计图纸→板材放样→裁切下料→钻孔→拼接→组装。

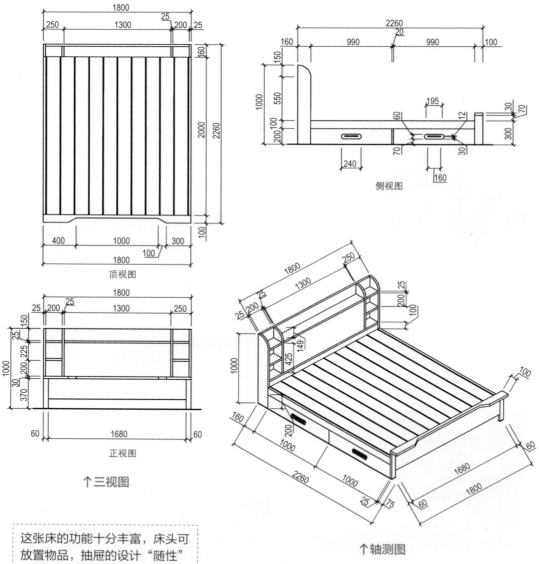

↑三视图

↑轴测图

这张床的功能十分丰富，床头可放置物品，抽屉的设计"随性"且方便。床尾高出床板70mm，能够容纳较厚的床垫，满足舒适睡眠。

床头部分可满足摆放小物品的需求，如可放置香氛发生器、驱蚊器等。

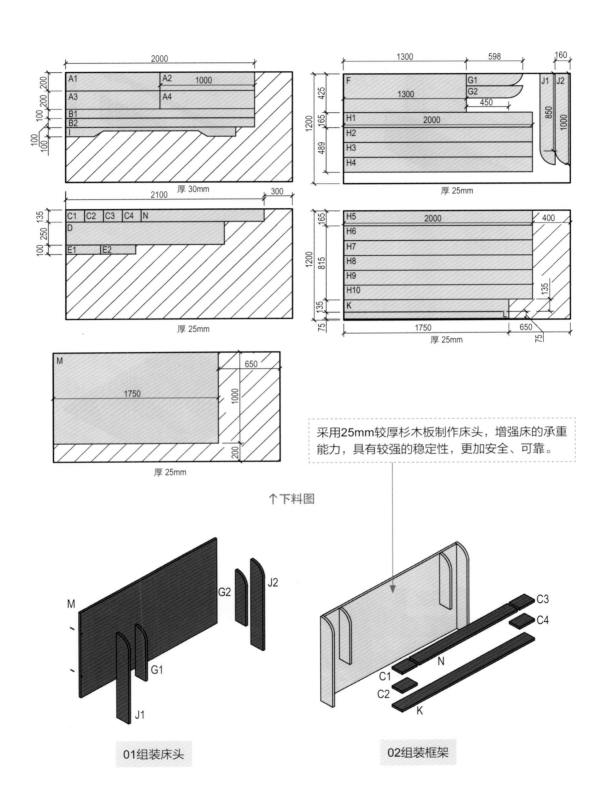

采用25mm较厚杉木板制作床头，增强床的承重能力，具有较强的稳定性，更加安全、可靠。

↑下料图

01组装床头

02组装框架

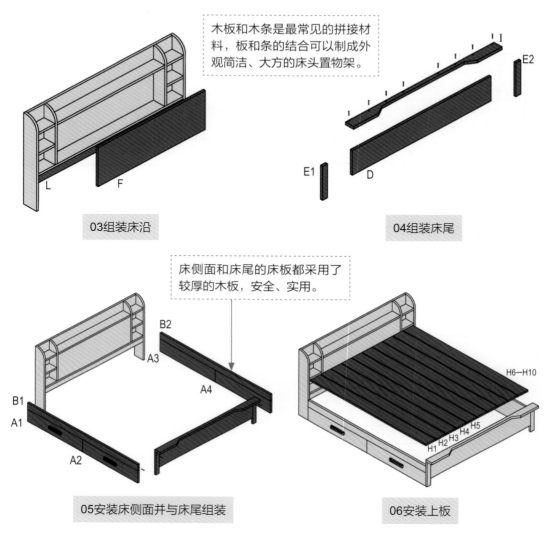

木板和木条是最常见的拼接材料，板和条的结合可以制成外观简洁、大方的床头置物架。

L   F

03组装床沿

E2

E1   D

04组装床尾

床侧面和床尾的床板都采用了较厚的木板，安全、实用。

B2
A3
A4
B1
A1
A2

05安装床侧面并与床尾组装

H6—H10
H1 H2 H3 H4 H5

06安装上板

↑组装步骤图

↑成品图

七、极简平板床

◎**操作难度：**★ ★ ☆ ☆ ☆

◎**主要材料：**30mm厚杉木板、25mm厚杉木板、边长60mm木龙骨。

◎**辅助材料：**M4×25螺钉、M4×35螺钉、白乳胶、水性木器漆、脚垫件。

◎**机械工具：**台锯、修边机、手电钻。

◎**简要步骤：**设计图纸→板材放样→裁切下料→钻孔→拼接→组装。

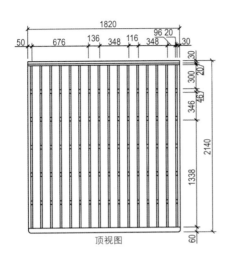

顶视图

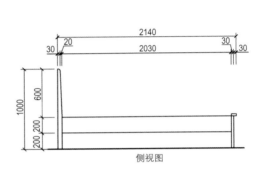

侧视图

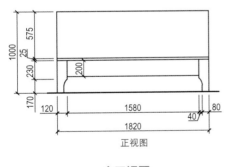

正视图

↑三视图

平板床的床头板、床尾板，
可以创造不同的风格。

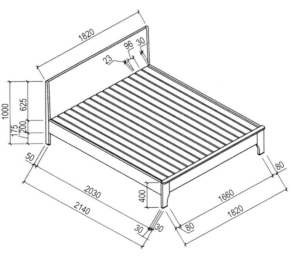

↑轴测图

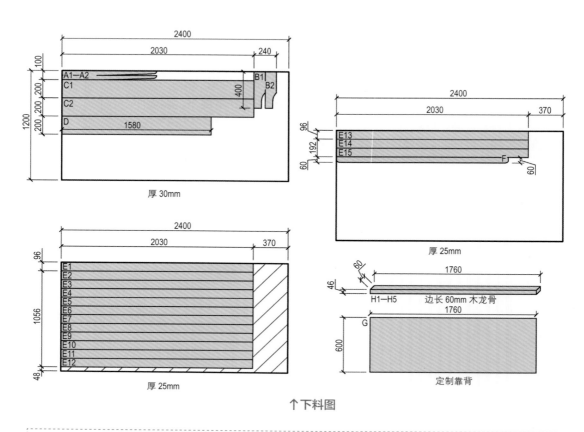

↑下料图

裁剪板料时要小心谨慎裁剪，减小裁剪误差，以免对后期家具制作造成影响。台锯使用方式也要正确，尽量贴边裁剪。30mm厚木板条用于加固床体，边长60mm木龙骨靠背保证安全，使用寿命长。

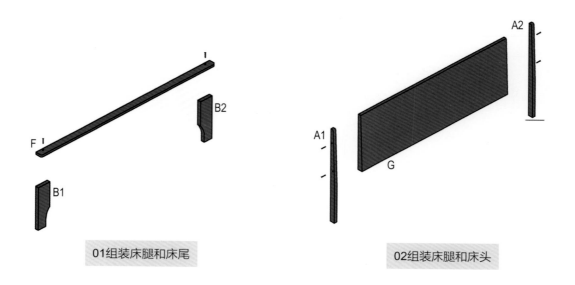

01组装床腿和床尾　　　　　　　02组装床腿和床头

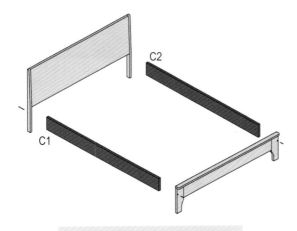

03用一对床板连接好床头和床尾

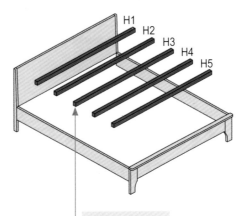

04安装木龙骨

由于床对龙骨的承重能力要求很高，所以要想让整个家具结构更加稳定，木条承重能力也要更强。木条对床的稳定性十分有帮助。

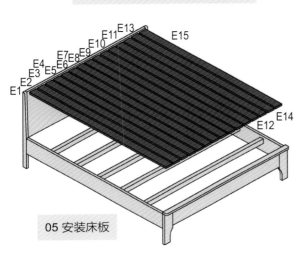

05 安装床板

↑组装步骤图

↑成品图

第六章

木工家具维修保养：
家具破损修复有妙招

章节导读：

木质家具使用了数年后，都会存在不同程度的磨损。有些家具会出现压痕、划痕、孔洞、掉漆，甚至是断裂，最终难免被丢弃，造成一定程度的浪费。家具维修技术在很大程度上可以恢复家具往日的"容貌"。本章节列举几种常见的家具损伤情况并围绕这些损伤，以步骤图的形式叙述多种修复方法。

↑进行家具修复的维修人员

有些家具在没有处理前，呈现的是一种干枯的灰白色；有些家具虽常使用却很少有人经常擦拭，或长期用潮湿抹布打理；有些家具干脆被丢到室外，长期受紫外线照射甚至雨淋。这些家具存在的问题都可以按照本章的方法进行修复。

饰面修复

即使小心保护家具，在家具制作、使用过程中，难免还是会划伤木料表面，留下不良磨损痕迹，这就需要对饰面进行修复。

一、修复家具表面划痕

针对不同情况修复家具表面划痕，如轻微划痕、擦痕和刀痕等时。最有效的方法为：在损伤处涂抹透明处理剂，如亚麻籽油、纯桐油等，再进行打蜡擦拭。不同的家具、材料应选用不同的修复方法和保养修复产品。

↑透明处理剂

透明处理剂能完全恢复受损处的颜色，涂抹后等待干燥，用抹布擦拭即可。透明处理剂能渗透到划痕凹槽中并凝固，固化后起到修补功能。

↑家具染色剂

如果透明处理剂只能恢复部分受损处的颜色，那么就需要进行补色。可以涂抹彩色膏蜡或喷涂染色剂产品，操作简单，不会对家具周边的区域造成损伤。

↑用修色笔

使用有颜色的马克笔对木质表面进行修复。

↑中性家具蜡

如果木纤维表面十分粗糙，可以使用中性家具蜡进行修补，最后在表面涂刷水性木器漆。

木工小贴士——家具保养产品

家具保养产品可以分为4种类型，可以根据具体用途选择相应的产品类型。如果需要掩盖家具表面上的裂纹或划痕，可以选择一些带颜色的产品。

↑透明抛光剂

价格低廉，有芬芳气味，能够有效清除油脂、蜡、粉尘；但不能清除水溶性污垢，如饮料、黏性指印干燥后的痕迹。

↑乳液抛光剂

乳液抛光剂要优于透明抛光剂，清理效果好，既能清除油脂或粉尘，又能清除水溶性污垢。

↑硅酮抛光剂

硅酮抛光剂有持久的光泽度和抗划伤性；同时，也有辅助除尘或清洁能力。

↑蜡

蜡能使老旧家具表面退化，并形成较新的表面，具有相当持久的光泽度和抗划伤能力。

二、修复潮湿与高温造成的损伤

潮湿的水杯或热水杯放在木质家具表面，杯底湿气会进入家具表面，高温会加速湿气渗透；随之表面薄膜涂层区域会出现浑浊、发白或凹陷现象，并呈现出环状外观。

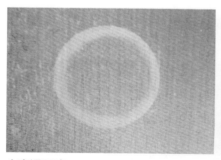

↑高温压痕

水杯高温会让家具表面涂料或涂层中的添加剂发生化学反应，因此这种白色痕迹看上去好像是木料受到了破坏，其实是家具表面的涂料或涂层受到了破坏。

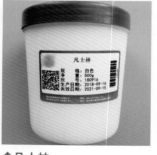

↑凡士林

在受损部分厚涂油类产品，如家具抛光剂、凡士林等，并静置2~3天。这种方法效果有限，有时还会让颜色出现轻微的褐色，但不会损伤表面。

↑酒精

用布料蘸取少量工业酒精，并轻轻地擦拭受损部分，以软化表面处理涂层，淡化水痕。

↑浮石

浮石研磨成粉末后加水形成混合物，擦拭受损部分，将涂层磨掉。

↑硅藻岩

硅藻岩磨成粉末后加油形成混合物，使用钢丝绒加入油或蜡作为润滑剂，打磨受损部分，可以产生缎面光泽的表面。

↑喷涂抛光剂

在打磨好的部位喷涂抛光剂并擦拭整个表面，可以获得均匀的光泽效果。

木工小贴士——研磨料

用来擦拭表面处理涂层的研磨料有以下品种。

↑砂纸

砂纸用于修整表面处理涂层，消除橘皮褶、刷痕、粉尘颗粒等不规则痕迹。将砂纸或钢丝绒与润滑剂（涂料溶剂、石脑油、液体蜡、膏蜡、水、肥皂水均可）配合使用，能减少结块，消除砂粒与其他磨料造成的堵塞，保证研磨效果。

↑钢丝绒

用于打磨涂层表面形成均匀的缎面纹理，不会造成过多堵塞和结块。钢丝绒有钢丝型和无纺纤维型，且有多种粗糙度可供选择。

↑研磨膏

研磨膏是一种非常精细的研磨粉，一般会被做成膏状或悬浮液的形式使用，能在涂层表面形成光亮效果，可以提高涂层的光泽度。

三、清除家具表面异物

所有黏附在家具表面的异物都可以通过打磨除去，但是打磨会破坏家具表面涂层的光泽度，影响家具美观。因此，在擦除异物时应当使用溶剂来擦除。家具表面常见的5种异物清除方法见表6-1。

表6-1　家具表面常见的5种异物清除方法

家具表面异物	图示	清除小窍门
记号笔		用75%酒精或稀释剂擦除。
蜡笔		用涂料溶剂油、石脑油或松节油擦除。
蜡烛痕迹		① 用冰块冷冻可以脱落； ② 刮去大块的蜡，残留蜡用涂料溶剂油、石脑油或松节油擦除； ③ 用吹风机加热蜡，待软化后擦掉。
乳胶漆		用甲苯、二甲苯或草酸擦除。
贴纸或胶带的胶黏剂		① 用石脑油、松节油、甲苯或二甲苯擦除； ② 用不干胶清除剂擦除，但可能会损伤表面涂层； ③ 用不干胶清除剂喷涂后擦拭。

残缺修复

　　家具常有受伤缺损，补上一小块十分容易，但是要做到与原木纹完全一致，是十分困难的，需要在补色阶段花费更多时间和精力，且需要有一定的应变能力。污点、斑点、条纹、着色不均等会导致很多问题，修复难度较大。

一、修复压痕

　　压痕是木料受到挤压后形成的。通常蒸汽会使木纤维膨胀，从而填补被压缩的空间。如果木纤维没有受到破坏，则木料表面的压痕可以采用蒸汽法抚平。

↑检查压痕

查看压痕，大多为钝器压载所致，修复较容易，但是锐器压痕修复的难度较大。

↑滴水润湿

用滴管在压痕处滴入几滴清水，让水分稍稍浸润表面压痕。

↑电烙铁加温

用电烙铁接触压痕处，促使水转化为水蒸气。

↑平整完成

经过多次尝试后，可以使水转化为水蒸气以膨胀木质纤维，使之还原。

二、修复深度损伤

　　碰伤与划痕深入家具表面，在处理涂层内部甚至穿透表面处理涂层并伤及木料表面时，可以采用热熔棒、环氧树脂、锯末、修复膏等材料填充。因为这些填补材料很容易修饰家具表面，并且固化之后较牢固。

↑准备材料

准备修复膏、锯末、刮板等材料，检查损伤部位的形态。

↑调配

将修复膏与锯末混合后搅拌均匀。

↑填补

用刮板将搅拌后的材料刮涂至损伤部位。

↑刮平

待干燥后，将修补膏覆盖，刮涂平整。

↑打磨

待干燥后，采用500#砂纸将表面打磨平整。

↑描色

调配丙烯颜料，要求色彩与木纹一致，用小号尼龙画笔描绘色彩与纹理。

↑喷漆

待干燥后，喷涂聚酯清漆。

↑完成

待干燥后，将表面擦拭干净。

第三节　断裂修复

　　木质家具使用时间久了，容易断裂或开裂。修复时应检查断裂或开裂的情况：一方面，应考虑连接固定与美观问题；另一方面，应检查断裂处是否承重。综合多方面考虑，最终选择更合适的修补方案。

一、修复桌椅断脚

　　使用金属螺杆从桌椅内部的支撑处开始修理，这样既有一定的承重强度，又不会破坏桌椅的美感。也可以用同样的方法修补其他带脚的木质家具，如茶几、储物柜、置物架等。

↑检查断裂

检查断裂部位，采用180#砂纸将断裂表面与周边打磨平整。

↑切割螺杆

采用角磨机切割φ4mm螺杆端头，螺杆长度为120mm左右。

↑下位钻孔

采用电钻在断裂面中央钻孔，先钻下位，选用φ4mm钻头，定位准确。

↑上位钻孔

采用电钻在断裂面的上位中央钻孔，位置与下位对应准确。

↑蘸白乳胶

将螺杆蘸上白乳胶。

↑插入螺杆

将螺杆插入孔洞中，按压平整。

↑涂刷白乳胶

在裂纹周边涂刷白乳胶。

↑固定

采用固定器加固，干燥48h。

↑填补修补膏

待干燥后，填补修补膏。

↑刮涂平整

采用刮板将表面刮涂平整。

↑打磨

采用500#砂纸打磨表面。

↑调色描绘

采用丙烯颜料调色后，描绘在椅子表面。

↑完成局部

待干燥后，将表面擦拭干净，喷涂聚酯清漆。

↑完成整体

待完全干燥后48h即可正常使用。

二、修复开裂

　　木质家具，会受自身干燥工艺影响。板材在加工前，由于干燥处理不严格容易造成开裂。此外，阳光直射或将家具直接放在暖气旁时，家具会因发生氧化导致漆面褪色。此外，还会因受潮而变形或裂开。如果木质家具表面开裂不是很严重，可以参照下列方法修补。

1. 水＋水砂纸（细裂）

　　对于一些局部细小、宽度小于1mm的裂纹，可以利用木材干缩和湿胀的固有特性来修复。

↑检查

检查裂纹的宽度，裂纹宽度应低于1mm。

↑滴水

将清水滴入裂缝中，缓慢吸收。

↑膨胀

放在潮湿环境下自然膨胀，或覆盖一张润湿的纸巾，能延缓干燥，膨胀效果更好。

2. 修补膏（中裂）

处理中等大小（宽度大于1mm且小于20mm）的裂纹，可采用填充法，不细看，基本看不出曾修复过。

↑填补
将修补膏均匀挤入裂纹缝隙中。

↑刮平
用刮板刮涂平整。

↑打磨
待干后采用500#砂纸打磨平整。

3. 木屑＋502胶＋修补膏（凹坑）

对于名贵的木质家具，裂纹宽度大于20mm时，可以在其中填入木屑，再进行修补。

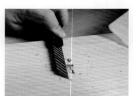

↑检查
检查凹坑，备好木屑与502胶。

↑木屑与502胶填补
将木屑填入深凹坑内，并滴入502胶，能快速干燥。

↑刮平
采用美工刀将表面刮平。

↑修补膏填补
采用修补膏填补表面浅凹陷。

↑刮平
采用刮板将修补膏表面刮平，待干。

↑调色描绘
采用丙烯颜料调色，在木料表面描绘纹理。

↑完成
待自然干燥后，先磨光，后上漆或上蜡。

4. 饰边条 + 免钉胶（脱裂）

↑检查

检查脱裂部位，备好同色饰边条。

↑裁剪下料

采用剪刀裁剪新的饰边条。

↑加工碰角

修剪边条端头45°碰角。

↑饰边条打胶

将免钉胶均匀打在饰边条上。

↑板材侧面打胶

将免钉胶均匀打在板材侧面上。

↑粘贴饰边条

将饰边条粘贴在板材侧面。

↑固定

采用美纹纸固定。

↑完成

24h后强度较高，揭开美纹纸后正常使用。

木工小贴士——砂纸的种类

砂纸的种类非常多，主要有以下品种。

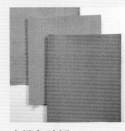

↑橙色砂纸

使用石榴石磨料制成，价格低廉，可用于打磨木料，最细为280#砂纸。

↑棕黄色砂纸

由氧化铝磨料制成，价格稍贵，耐磨性更好，可用于打磨木料，最细为280#砂纸。

↑灰色砂纸

由碳化硅或氧化铝磨料制成，表面覆有一层干燥、肥皂状硬脂酸锌润滑剂，因此不易堵塞。可用于打磨木料表面的处理涂层，最细为600#砂纸。

↑黑色砂纸

由碳化硅（金刚砂）磨料和防水胶制作，打磨木料表面处理涂层时，需要以水或油充当润滑剂，最细为2500#砂纸。

参考文献

[1] （英）英国DK出版社．DK木工全书．张亦斌，李文一，译．北京：北京科学技术出版社，2018．

[2] （英）特里·波特．识木：全球220种木材图鉴．武汉：华中科技大学出版社，2018．

[3] （美）比尔·希尔顿．图解木工家具：如何设计和制作理想的家具．北京：北京科学技术出版社，2018．

[4] （美）兰迪·约翰逊．木工家具制作全书：50款经典家具制作指南．北京：机械工业出版社，2019．

[5] （美）泰瑞·玛萨斯齐．木工涂装全书：从零开始真正掌握木工涂装技艺．北京：机械工业出版社，2018．

[6] （德）安特耶·里特曼，苏珊·里特曼．亲子木工．李一汀，译．北京：华夏出版社，2019．

[7] （日）日本嘟爸！编辑部．家庭木工大百科．徐君，译．海口：南海出版公司，2019．

[8] （日）日本DIY女子部．零基础家庭小木工．陈梦颖，译．北京：煤炭工业出版社，2015．

[9] （日）学研出版社．我的手工时间——超简单木工家具100例．韩慧英，陈新平，译．北京：化学工业出版社，2014．

[10] （日）日本宝库社．木工大师教你做36款自然风家具．焦维林，译．河南：河南科学技术出版社，2014

[11] 吕九芳．中国传统家具榫卯结构．上海：上海科学技术出版社，2018．

[12] 郭子荣．木工基础手工具．江苏：江苏凤凰文艺出版社，2019．

[13] 郑安全，郑若行．爸爸的木匠小屋：创意木工小课堂．上海：上海科学技术出版社，2018．

[14] 宋魁彦，朱晓冬，刘玉．木工手册．北京：化学工业出版社，2015

[15] 张盾，李玉珊．木工入门与技巧．北京：化学工业出版社，2013．

[16] 筑·匠．图解家装木工技能速成．北京：化学工业出版社，2019．